山田敏弘

世界のスパイから喰いモノにされる日本

MI6、CIAの厳秘インテリジェンス

講談社+α新書

はじめに　ベールを脱いだ「世界を制するスパイ集団」

MI6長官のスピーチ

二〇一八年一二月三日、イギリス・スコットランドの東海岸にあるセント・アンドルーズ大学で、「C」が非常にレアな講演を行った。

「みなさん、本日はここに戻ってこれたことを光栄に思う。われわれの機関は、自分たちのことを『SIS（秘密情報部）』と呼び、世間的には『MI6』と呼ばれているが、まさか自分がその機関のトップとして母校に帰ってくるとは思いもしなかった」

日本人にとっても、イギリスのスパイ組織といえば、「SIS」よりも「MI6」という名のほうに馴染みがあるだろう。スピーチに先立ち、大学関係者からMI6で「C（「Chief」のC）」と呼ばれていると紹介されたアレックス・ヤンガー長官は、壇上に立ち、メモに目をやりながら、三〇分にわたってスピーチを行った。

講演するヤンガー長官（代表撮影／ロイター／アフロ）

「長官としてほとんど公に話はしない。私はスパイであり、表に出ないほうが仕事はうまくいく……今日ここで話をしているのは、ＳＩＳについて、巷間言われている俗説に対して実際にどんな仕事をしているのか、人々に十分知ってもらうことが極めて重要だからだ。その上で、全国から才能に溢れた若者たちを求める必要があるからでもある」

ＭＩ６が世間的にその存在を認められたのは、そう昔のことではない。一九九三年に、当時のジョン・メージャー首相がイギリス議会の答弁で、はじめて政府直属の対外課報機関である秘密情報部（ＳＩＳ、通称ＭＩ６）が世界で活動していることを公表した。もちろんそれまでにもＭＩ６という組織があることは知れ渡っていたのだが、公式には認めていなかったのである。長官職も、それ以前は、表向きには「外務省顧問」ということになっていた。

そんなMI6の長官が、大学という公共の場で、身分を明かして講演をしたのだから、イギリス大手メディアがこぞって記事にしたのは言うまでもない。

ヤンガー長官はこうも語っている。

「われわれは、アメリカ、カナダ、ニュージーランド、オーストラリアという『ファイブ・アイズ』の同盟を含む海外における無比の協力関係を生かしている」

嘘、策略、裏切り——

筆者は最近、MI6中枢で、近々まで実際にスパイ活動の最前線にいた人物に、何度にも分けてじっくりと話を聞く機会を得た。

その元MI6スパイと、あるとき、この講演の話題になった。完全匿名を条件に取材に応じていたその人物は、一見穏やかな紳士然としているが、ヤンガー長官の話について不敵な笑みを見せながらこう言い切った。

「彼が『みんなに仕事について知ってもらいたい』と言っているあのスピーチすら、実際は

『Bullshit（でたらめ）』だらけだ」

世界を見渡すと、ほぼすべての国が独自の諜報機関を備えていると言っていい。国家と国民の生命・財産を守るために、外部からの脅威などについてきちんと情報収集するのは当たり前だというのが世界の共通認識だからだ。

イギリスのＭＩ６、アメリカのＣＩＡ（アメリカ中央情報局）、イスラエルのモサド（イスラエル諜報特務庁）、中国のＭＳＳ（中華人民共和国国家安全部）、ロシアのＳＶＲ（ロシア対外情報庁）などは、世界的にも有能なインテリジェンス機関としてとくによく知られている。

本書では、ＭＩ６元スパイらの証言を軸に「Ｃ」も語ることがなかったＭＩ６の実態について徹底的に迫ってみたい。そもそも長官は内部では「Ｃ」とは呼ばれていないし、アメリカとの関係も、額面通りに「無比の協力関係」とは受け止められない微妙な実態がある。

筆者は世界のいたる国で出版されているＭＩ６など、スパイ活動、国家的インテリジェンスに関連する文献などに目を通しているが、今回明らかになる証言が導き出す新事実は、世界的にもあまり知られていないものが少なくないと言える。少なくとも日本の読者には、はじめて触れる情報がほとんどではないだろうか。嘘や策略、裏切り——そんなインテリジェンスの世界に少しでも興味がある人にとっては、非常に価値のある内容となっているはずだ。

またＭＩ６だけでなく、ＣＩＡやモサドといったその他の諜報機関関係者への取材から、世界の諜報機関がどのように活動しているのかについて、最新情報によって分析する。そして、そうした最前線のスパイたちの証言から、本書のもう一つの重要なテーマである、日本のインテリジェンス活動についてもじっくりと考察したい。

狙われている日本

現在、日本には外国のような対外諜報機関はない。国内情報を集める機関はあれど、国境を越えたインテリジェンス活動能力は非常に低い。

筆者は以前、内閣府のある参与と、サイバー戦略など安全保障に関わる話をしている際、「政府は仮想敵国からの脅威をどれほど深刻に見ているのか」と水を向けてみたが、「日本には仮想敵国はいない」と即座に切り返されたことがある。そう答えることが「ポリティカル・コレクトネス（政治的妥当性）」だと参与が考えたのかどうかはわからないが、日本の政府高官が、こんなことを胸を張って発言するという現実に、複雑な思いがしたのを覚えている。

言うまでもなく、世界第三位の経済大国である日本は、敵国とみなされるライバル国に囲まれている。世界の常識からすれば、領土問題などで紛争中の中国や、日本上空にミサイルを飛ばす北朝鮮などは敵国ととらえられるし、領土問題などで日本を挑発するロシアや韓国も敵対関係にある。これらの国々は、日本にもスパイを配置して活動させるだけでなく、ライバル国などへのインテリジェンス活動、または攻撃手段として世界中で駆使されるようになったサイバー攻撃を日本に対して実施したり、世界中のデータやインテリジェンス分野をコントロールすべく、デジタルインフラなどの覇権争いにも乗り出している。

生き馬の目を抜くビジネス分野でも、日本は常に世界との激しい競争にさらされている。これまで、ライバル国のみならず同盟国ですら、スパイを日本に送り込み、機密情報から知的財産にいたるまで機密情報を日本から盗み取ってきた。

こう見ていくとわかる通り、はっきり言うと、日本は世界から喰いモノにされているのである。残念ながら、それが世界の情報機関関係者らの見方であり、実態なのだ。

世界の国々が日本に対して行う「攻撃」の詳細は後章でさらにくわしく見ていきたいが、世界のどの国とも同じように、日本も立派に国外からの脅威に晒(さら)されているのが現実だ。

さらに言うと、日本には国外のような対外情報機関がないために、日本の情報機関は、国外に渡航する邦人に協力を求めることもある。そうすることで邦人をリスクに晒すにもかかわらず、そうした邦人が相手国で拘束されてしまっても、救い出すことすらできない。そんなアンプロフェッショナルな活動すら行われているのである。

戦後、日本でも国が全責任を負う強力な対外情報機関を作るべきという議論はあった。だが何度も俎上に上るも、立ち消えになってきた歴史がある。ところが、そんな議論をしていた人たちは、CIAではなく、決まってMI6をモデルにした日本のスパイ組織を作りたいとしてきた。MI6のノウハウ、情報が日本に必要ということである。その理由を本書では探ってみたい。

そんな日本の状況について、元MI6スパイはこう述べた。

「日本において、今ほどインテリジェンスが必要になっているときはないのではないか。中国がサイバー攻撃を駆使しながら台頭し、北朝鮮では若く狡猾なリーダーが周囲を威嚇し、感情的な敵対心を見せる韓国が日本を刺激する――そんな国に囲まれている今こそ、だ」

しかも日本では二〇二〇年には東京オリンピック・パラリンピック競技大会、二五年には大阪万博など、世界から注目されるイベントが控えており、これまで以上にテロ活動やサイバー攻撃、経済犯罪のリスクも高まることになる。

日本はなぜ、対外的なインテリジェンス機関を持つ必要があるのか。対外インテリジェンス機関を持たない日本が直面している重大なリスクとは何か。そして、日本のインテリジェンス活動はどこに向かうべきか。ＭＩ６を中心に、ふだん私たちが内情に触れる機会はない世界トップクラスのインテリジェンスの実態と重要性に迫りつつ、日本の置かれた状況に警鐘を鳴らしたいと考えている。

山田敏弘（やまだとしひろ）

二〇二〇年一月

世界のスパイから喰いモノにされる日本　ＭＩ６、ＣＩＡの厳秘インテリジェンス　目次

はじめに　ベールを脱いだ「世界を制するスパイ集団」

第一章　あまりに脆弱な日本のインテリジェンス――なぜ日本にＭＩ６が必要なのか

第二章　MI6と日本との交わりと、日本での活動と実態

第三章　知られざるMI6の実力と秘密の掟

第四章　ＣＩＡの力と脆さ

第五章　暗躍する恐るべき国際スパイ——モサドそして中露へ

第六章　日本を襲うデジタル時代のサイバーインテリジェンス

第一章　あまりに脆弱な日本のインテリジェンス——なぜ日本にＭＩ６が必要なのか

迂闊な善意が悲劇を招くことも

数年前のことだが、日本のある公安関係施設の前で望遠カメラを構えた怪しい人物が発見された。

この人物は中国人で、出入りする人たちの顔写真を撮影していたという。そのあからさまな行動から、写真を撮ることが目的ではなく、挑発行為の類だったと公安関係者は言う。

「しかも」と、この関係者は続けた。

「最近、日本人がスパイ行為をしたとして何人も中国で拘束されている。それに関連しているのではないかと見られている。要は、『拘束してみろ』という挑発行為ですね」

CIAの協力者たちが中国で次々と拘束され、処刑されているという話は、後ほど詳述する。そうした状況に発展しかねないリスクが、日本人にも起きているのである。

二〇一五年以降、表面化しているだけで、一四人の日本人が中国でスパイ容疑などの嫌疑をかけられて拘束され、そのうち、九人は起訴されている。

公安関係者は、拘束されている日本人たちの中には公安とつながりのある人物が少なからずいると認める。

つい先日も、日本人の拘束が明らかになったばかりだ。この直近のケースでは、二〇一九年九月に学術目的で中国を訪問していた北海道大学の教授が、滞在先の北京市内のホテルで身柄を取られている。この件については、天皇陛下の「即位の礼」のために来日した中国の王岐山・国家副主席と会談をした安倍晋三首相が、日本人拘束事案などへの対応を求めたとして、日本でも大きなニュースになった。

結局、この教授は国家安全当局によって反スパイ法違反などの疑いで拘束されていたことが判明。一一月一五日には釈放され、帰国した。教授と日本の公安などとのつながりは不明だが、日本への見せしめとしては十分に不気味な出来事だったと言えよう。

また教授の釈放後、今度は中国の湖南省・長沙で、国家安全当局が五〇代の日本人男性を七月から拘束していると報じられたが、拘束の理由はいまだ不明である。

筆者は海外メディアに勤めていた経験と、外国人に知り合いが多いためか、取材で知り合った日本の情報機関・情報産業関係者から、こんなことを頼まれることがある。元同僚や外国人の知り合いに「ある国」へ訪問する人がいれば、その情報を聞けないかと、遠回しに打診されるのである。写真もあれば嬉しいと。仮に筆者が、深く考えずに、「ある国」の知り合いに情報や写真をお願いし、その知り合いが「ある国」で写真を撮影して拘束され、それまでの電子メールやメッセージなどのコミュニケーションをつぶさに調べられたら、どうなるのか。そこに筆者から情報提供を依頼するやりとりが発見されたら？　国によっては「スパイ」として拘束されてしまうだろう。その結果、死刑になる可能性だってある。スパイ行為とは非常に重い罪なのだ。

知り合いからそういうかたちで何気なく協力を持ちかけられれば、インテリジェンスについて「リテラシー」が低い日本人なら「ああ、いいですよ」と協力してしまいかねない。そんなケースは十分に考えられる。

もちろん、現在中国で拘束されている日本人たちが、こんな「とばっちり」のケースに当てはまるかどうかはわからない。むしろ、能動的に公安当局に協力していた可能性は否定できない。

こうした状況について、ＭＩ６の元スパイにコメントを求めるとこう答えた。

「拘束していた人たちの正体はわからないが、日本の情報機関とつながりがあったのなら致し方ない。その形跡を中国人スパイがすでに突き止めていて、拘束できるチャンスをうかがっていたのではないか。ただ、日本がきちんと対外情報機関を持っていて、外国で活動する人をサポートしたりリスクヘッジをできる態勢にあり、法的な対処策などが存在していれば、拘束を避けられたケースもあったのではないか」

これには同意せざるを得ない。すでに述べたが、日本にはきちんと組織として機能する対外情報機関はない。対外情報活動について、活動規定や安全対策なども存在しないと言える。守る手立てがないのに、どれほどのリスクがあるかを知りながら、日本の情報当局が日本国民に、海外に赴く際に何らかの協力を求めていたとしたら、あまりにも酷い。

「なぜ日本にはきちんとした諜報機関がないんですか！」

「日本政府は国外でちゃんと情報収集しているのですか!?」

最近、メディアで情報関係の記事を書いたり、それについて話したりすると、多くの人がこんな反応を示す。

縦割りでドメスティック

世界各国では、国民の生命と財産を外部からの脅威から守るために、多額の予算と人員を投入してインテリジェンス活動が行われている。

では日本の情報活動はどう行われているのか。国内に目を向けると、一応は、いくつもの機関が情報活動をしていることがわかる。

ＭＩ６やＣＩＡのカウンターパートとされるのは、内閣情報調査室だ。「内調」と呼ばれるこの組織は、一九五二年に「内閣総理大臣官房調査室」として総理大臣官邸に発足してから内閣を直接支える情報機関として活動してきた。つまり、内閣の重要政策に関わる情報を収集・分析・調査するのが主な役割で、そのトップである内閣情報官が首相などに機密情報を伝達する。組織としては、国内部門や国際部門、経済部門、総務部門、さらに内閣情報集約センターや内閣衛星情報センターがあり、警察や省庁からの出向を含めて、四〇〇人ほどが勤務している。対外情報は政務調査官などが収集を行っている。

とはいえ、基本的にはＭＩ６やＣＩＡのような、本格的な国外での諜報活動や工作はしていない。繰り返しになるが、首相をトップとしたその時々の内閣の求める情報を集めることが主な仕事となる。

内調以外では、警察庁の公安警察や、法務省の外局である公安調査庁、防衛省の情報本部などがある。ただこうした日本の情報機関は、基本的に国内で起こり得るリスクに対処するために情報を収集することが仕事だ。もちろん、外務省も国際情報統括官組織で国外情報を拾っているし、公安警察なども国外情報を集めている。外事課などから国外に送られて少人数で活動をしている公安警察官たちもいるが、本格的な情報活動をできるような体制ではない。

しかも、日本でおなじみの組織の縦割り（セクショナリズム）のおかげで、こうした情報機関同士の横のつながりはあまりない。それでは不測の事態、突発的有事に対応などできないため、情報を集約するための組織改編も議論されてきた。二〇一三年には国家安全保障会議（日本版ＮＳＣ）が発足し、翌年には、内閣官房にＮＳＣを補佐する事務局である国家安全保障局（ＮＳＳ）が設置され、集約された情報を取りまとめ、分析する役割を担うようになった。今では、外交・安保政策の中核を担うＮＳＳには外務省や防衛省、警察庁などから出向した八〇人ほどが所属している。二〇一四年には特定秘密保護法が施行されて、情報の保全をこの法律で可能にしている。だが、たとえＮＳＣや秘密保護法ができたからといって対外情報を収集する能力が上がるわけではない。

とにかく、日本の情報機関はかなりドメスティックな体制であることが見えてくる。ここまで繰り返し述べてきたが、どう考えても、日本も他の国と同じように、国外からの脅威に直面してきているし、今の体制では、「ボーダレス化」という言葉が陳腐に聞こえるほどグローバル化が進んだこの世界では、国民の安全を十分に守れない。日本にも「対外情報庁」のような組織はやはり必要なのである。

テロに無力な日本の情報機関

たとえば国外で、日本人にどんな危険が存在しているのか。日本人にとって苦い思い出ではあるが、少し振り返ってみたい。

二〇一三年、アルジェリアの南東部イナメナスで、天然ガス関連施設を狙った人質事件が起きた。日本企業「日揮」の従業員ら一〇人を含む少なくとも三八人が犠牲になったこの事件は、「イスラム・マグレブ諸国のアルカイダ組織（ＡＱＩＭ）」の元幹部だったモフタール・ベルモフタール司令官率いる武装勢力「イスラム聖戦士血盟団」の犯行だったことがわかっている。

日本人が人質になったことで、日本政府も情報収集などに奔走し、警察庁の「国際テロリズム緊急展開班」を現地に送るなどの対策も取った。だが結果的には、現地でもまともに情報を集められない状態だった。そこでアルジェリア入りしていた同盟国であるアメリカやイギリスの諜報機関にも協力を求めたようだが、「たいした情報をもらえなかった」と当時、政府関係者が嘆いていた。

それもそうだ。ＭＩ６やＣＩＡなどはそれぞれ、犯行グループについても、事件前から調

アルジェリア人質事件を受け「痛恨の極み」と涙する日揮社長（ロイター／アフロ）

査しており、事件発生時にはすでにある程度の情報は把握していた。すぐに動ける基本的なインテリジェンスは持っていたのだ。そうした機密情報を、日本の大使館関係者や在外公館にいる自衛官、または警察関係者にやすやすと知らせるはずがない。

理由は簡単で、彼らがふだんから命をかけて集めているインテリジェンスは「機密」だからだ。個人の裁量で諸外国の諜報員と関係をふだんから築いて多少の情報をもらえるということはあるかもしれないが、それでも、自国の利害のかかった作戦に邪魔になりかねないプレーヤーをゲームに参加させることはない。

日本人が危機に晒された事件は他にもあ

る。二〇一五年にはシリアで邦人二人が人質になり殺害され、同年にチュニジアでも邦人三人が犠牲になるテロ事件が起きている。古くは一九九六〜九七年のペルー日本大使公邸での人質事件なども象徴的な事件である。対外情報機関を持たない日本はこうしたケースで、独自に何ができるというのだろうか。

民間事業の技術力が武器になることも

東アジアを巡るある傾向についても、MI6の元スパイはこう憂慮する。

「近年、日本は中国や韓国、北朝鮮のような国からターゲットになっている。日本国外でもそうした国の標的になるリスクはある。彼らにとって、日本人は非常に重要なターゲットになっているのだが、その自覚がない。よく問題視されている北朝鮮だけではない。日本政府への批判を繰り返す韓国も同じく、日本にとってはリスクだ」

そんな状況下で、自分たちで情報収集もままならない上に、同盟国からも情報を得られないとなれば、日本が国内外で振り回されるのは火を見るより明らかである。もちろん世界中にスパイを配置することは物理的に不可能だが、情報活動を行いながら、情報を「ギブ・アンド・テイク」することが基本ルールとなっている諜報の世界で、有益な機密情報を「ギブ」できる対等な能力を備えた組織が必要なのである。二〇一五年に、政府は国際テロ情報収集ユニットというテロ情報を集約する組織も設立しているが、それもどれほど機能しているのかインテリジェンス界隈からは懐疑的な声も大きい。

筆者は、警察官僚からこんな話を聞いたことがある。

「日本で以前あった情報スパイにまつわる事件のことです。証拠品である日本製のハードディスクを海から回収したが、塩水でディスクが劣化し、中の重要な証拠を見ることができないということが頻発した。そこで日本の当局は、製造元の日本メーカーに協力を要請して、そのディスクから情報を抜き出す技術を世界に先駆けて習得した。日本のメーカーだからこそ、当局に全面協力をしてくれた。そのおかげで他の国ではまだ不可能だった情報復元テクニックを、日本は手にしました。

そのメーカーのハードディスクは世界的にも人気があり、競争力も高く、かなり普及していたため、外国の情報当局者にその技術の話をすると、ぜひそのやり方を教えて欲しいという要請が来るようになった。そして情報を与える代わりに、こちらの欲しかった情報を提供するよう交渉できたのです。

たとえば、ノキア（フィンランドに本社を置く世界的情報通信インフラベンダ）の携帯から情報を抜き出すテクニックを知りたければ、フィンランドにこちらの技術を提供してから協力してもらう、といった具合です。このように日本のメーカーの技術力が高ければ、インテリジェンス的に強みになり、情報を欲しい国の当局者が寄ってくることになる」

インテリジェンスの世界では、情報は情報で手に入れるものなのである。

ロシアは北方領土にファーウェイを

少し話が逸れたが、日本が抱える対外的なリスクは国外だけにあるわけではない。たとえば日本に入ってくる外国人の、外国における活動情報も把握する必要に迫られる場合もある。二〇〇一年に発生した9・11同時多発テロの首謀者とされる、国際テロ組織アルカイダの幹部だったハリド・シェイク・モハメドは、日本に暮らしていた時期があり、「(二〇〇二年の日韓)サッカーワールドカップを狙って日本でテロを計画していた」ことが判明している。二〇〇二年にはアルカイダ系のイスラム過激派「ルーベ団」のテロリストが新潟に潜伏していたことも確認されているし、同年、アルカイダからテロ訓練を受けたパキスタン人も東京で逮捕されている。これらテロリストたちが入国してから調査をしても追いつかない。国外での動向を事前に把握しておくことが、自国民を守るためには必要だ。

ＭＩ６の元スパイはこう指摘する。

「国際的に活動するテロリストの動向は、もちろんＭＩ６も注視している。日本での破壊活動がその視野に入ってくることもある。ただ、それ以上に私たちが危惧するのは、中国からのスパイ工作やサイバー攻撃が常に日本を狙っていることだ。さまざまなレベルや広範囲な分野で、中国は欧米や日本と対抗しようとしている。歴史的な因縁もあるが、大国として台頭してきたことで、中国は日本や欧米の動きをこれまで以上にスパイ行為で探ろうとしているという認識だ。そのわけは、彼らがかつての日本やアメリカのようになりたい――そういう思いがあるからだ。また自分たちの期待している動きを、日本や欧米にさせようとしている節もある。

中国はいかに日本がイノベーションを起こせる国なのか、『世界の工場』を超えて革新的な国になるにはどうすればよいのか、非常にセンシティブになっている。その実情を知るために、かなりの労力と費用を投入して、表からではない情報工作を何年も何年も行ってきた。日本やアメリカを抑えて、世界をリードするイノベーションを起こせる国になりたいと考えている。また社会・政治的にも、国際世論を動かすなど影響力を行使しようとも画策している」

たしかに日本の近隣諸国にもリスクはある。韓国とは竹島との領土問題を抱え、レーダー照射問題など軍事的な緊張関係もある。韓国政府の反日姿勢や世論の対日感情の悪化も深刻な問題である。中国との領土問題としては、東シナ海の尖閣諸島と、中国政府による南シナ海の軍事基地問題などがある。ロシアとも北方領土の問題はくすぶり続けていて、その面当てとしてか、ロシア側はアメリカが同盟国の日本などに排除を申し入れている中国の通信機器大手「華為技術（ファーウェイ）」のインターネットの通信インフラを、わざと北方領土に設置しているとされる。

このように日本の周辺には、日本国民の生命と財産を脅かす、安全保障の懸案がいくつも存在している。信頼できる対外情報機関がないことで日本が世界から遅れをとっているだけでなく、インテリジェンスによって自国を守るのには弱い体制にあることがわかるだろう。

他国は「日本のために」助けてはくれない

生き馬の目を抜く世界情勢の中で「自国第一主義」が当たり前の各国が、他国から惑わされないように、基本的には独自にリスクを背負って情報を集め、分析しているのである。他力本願では、相手の思うように情報操作されるのが関の山だ。

先にも少し言及したが、日本が同盟国から得ているインテリジェンスとは、どれほど貴重な情報なのか。

ＭＩ６の元スパイは、「もしあなたがＣＩＡで私がＭＩ６だとして、お互いの情報を共有するとしたら、私の知っていることの三〇パーセントくらいしかあなたには与えないだろう。ＣＩＡですらそうなのだから、日本の情報機関は完全な情報は絶対に手にできない。こちらも諜報機関の競争の中で自国のために、自国の税金で動いているのだ。そもそもイギリス国民はそうした諜報活動では多少のプライバシーが侵害されてもいいという考えがあり、その背景には愛国心がある。その土壌も日本とは違う。

日本で二〇二〇年に開催される東京オリンピックに関しても、そのときに日本を訪れているイギリス人やアメリカ人にリスクが及ぶかもしれない場合、それを守るための情報はかき集めている。すでにかなりを把握しているはずだ。もちろん日本のために、特別に情報収集をすることはない」と述べた。

さらに続ける。

「近々アメリカで実施される大統領選挙で、何かが起きそうなのか、日本当局にＣＩＡは情報を与えない。ＣＩＡはすべて把握している。ＣＩＡを過小評価してはいけない。どういう勢力が裏で何を画策しているのか、どんなリスクがあるのか、またそのリスクの度合いもすべてわかっている。リスクをもたらす人々のプロフィールもすべて調べている。誰がアメリカに来ていて、誰がアメリカから出国しているのか。そんな情報を日本のみならず、海外諸国に広く与えるはずがない。そういう情報共有で、日本からアメリカの貴重な情報が漏れるリスクもあるのだから。

日本側も本当に欲しい情報は、実際にそこにあるリスクと、これから警戒すべきものは何か、ということでしょう？　地政学的な問題に絡んだ分析が欲しいはずだが、そんな情報を惜しみなく提供するわけがない。日本に関する情報で、イギリスによろしくないインパクトが生じる可能性があると思われる情報のみ、日本とは共有する。同盟国だろうが、同じ民主主義国家だろうが、関係ない」

とはいっても、ＣＩＡやＭＩ６といった機関はどれほどのインテリジェンスを持っているというのか。ＣＩＡなどは、そこまでいろいろとわかっているのなら、世界中でアメリカの関係するテロ事件があちらこちらで起きているのはなぜなのか。

率直な筆者のそんな問いに、この元スパイは、「計画を阻止」「テロリストを事前に拘束」といった事実は表に出てこないのがほとんどだと言う。要は食い止めているものが多い、と。

このＭＩ６元スパイはそう語った後、ふっと笑うような仕草をして、こう続けた。

「これは諜報機関の特性というか、酷い話なのだが、もし自国に関係のないリスク情報なら、何か攻撃のようなものであっても、諜報機関というのは黙って起きるのを見る。そう、リスクを発生させるのだ。そして自国内の企業に、いま、営業しろと言うのです。セキュリティシステムを売りつけたり、という具合に。そういうこともある」

こういうやり方は、諜報機関では「あるある」なのである。経済関連上なら、ＭＩ６も日本にビジネス面で不利になるような「偽情報」を流すこともあるという。

この話は情報共有にもつながっている。

「仮に同盟国の日本にさまざまな情報を惜しみなく出すのなら、日本はアメリカから今ほど武器など買わなくて済むかもしれない。言い方は悪いが、リスクがあるという情報だけを与えて、そこまで。それで軍備品などを導入させる」

歴史的警戒とＭＩ６との親和性

実のところ、日本ではこれまでも対外情報機関の必要性がずっと議論されてきた。内調の前身である内閣総理大臣官房調査室が発足した当時に、吉田茂首相などが組織の規模を大きくして日本版ＣＩＡを作ろうとしたが実現しなかった。二〇一六年には、安倍首相の提唱で始まった外交・安全保障の情報機能強化を目指す政府の「情報機能強化検討会議」で「対外情報庁」（日本版ＣＩＡ）設立案が浮上するも、立ち消えになっている。

日本版ＣＩＡはなかなか実現することがない。その理由は、日本で対外諜報機関などを大々的に立ち上げるとなれば、必ず過去の苦い経験がちらつくからだ。先の大戦前、大日本帝国時代の特高警察などによる過度な監視や拷問といったマイナスのイメージが今もついて回っているとの見方が政府筋では根強い。

英ロイター通信は、日本に対外情報機関が生まれない理由に触れ、「対外情報機関にはマイナスのイメージがつきまとう。『戦前の南満州鉄道調査部の復活か、などと批判されかねない』と、関係者の一人は言う」と書いている。満鉄調査部自体は満州統治、対中戦争時の情報活動などで一定の功績を残し、戦前における日本最高のシンクタンクと称されることもある。しかしその功績は、戦勝国から見れば罪でしかない。

さらに韓国の中央日報は「（日本版ＣＩＡ設立を吉田首相が訴えた当時）読売・朝日・毎日新聞の全国三大日刊紙が一斉に『これは（太平洋戦争当時に言論統制および宣伝を総括し

た）内閣情報局の復活ではないのか』として強力に反発しながら結局現在の『内閣調査室』に規模が大幅縮小された」と、報じたことがある。

だが戦後も七五年近く経ち、現代の日本人は、特高や南満州鉄道調査部などといった組織の復活を持ち出されても、その負の側面の再来を感じ取ることはほとんどないだろうと思うのは筆者だけではあるまい。

ところで、日本版ＣＩＡの設立が謳われてきた歴史の中で、これまで提案者たちが設立の参考にすべきだと名指ししてきたのは、ＭＩ６だった。これまで日本で対外諜報機関を作る志を抱いていた人たちは、なぜＭＩ６を目指そうとしたのか。

最大の理由は、日本とイギリスにある類似性だ。どちらも島国で皇室（イギリスでは王室）があり、政府のシステム的にも、アメリカのような大統領制よりも、日本と同じ議院内閣制であるイギリスの体制がなじみやすいと考えられているからだ。実際、ＮＳＣを設置する際にも、日本政府はイギリスのシステムを研究していた。日本の関係者がＭＩ６の視察にも行っているくらいだ。

また、かつてはインド、マレーシア、香港などを統治下に置いていたイギリスは、長年にわたり東アジア情勢に精通してきた。ＭＩ６は、日本の置かれた国際的立ち位置やリスクを客観的に、フェアに分析することができるのだ。

そんなこともあってか、日本政府は二〇一七年、就任後初のアジア訪問の場所として日本を選んだテリーザ・メイ・イギリス首相を、NSCの特別会合に参加させている。世界的にも、そんな特別な扱いはほとんど聞いたことがない。メイは、「アジアにおいて日本は最大規模のパートナーであり、日本にとっても安全保障の関係でイギリスが非常に強いパートナーとなることを期待する」と述べた。しかも神奈川県横須賀市で、海上自衛隊最大の護衛艦「いずも」にも乗艦している。かなりの厚遇で、日本がイギリスを重要視していることは間違いない。

外務省と警察との綱引き

日本の考え方としては、スパイは、外国での活動のために在外公館を拠点として活動することが世界的にも多いことなどを受け、日本の対外諜報機関はかたちだけでも外務省の下に置くことが望ましいという意見が大勢だった。国際情勢から外交などにも関わる情報を扱うため、身分を外交官としてカバー（素性を隠す）すれば、拘束されても外交特権などが使える場合もある。そうなると、形式上は外務大臣の下にあるMI6のスタイルのほうがしっくりくる。

その一方で、公安などの警察側からは、そうなると自分たちの存在感を示せなくなるという懸念が出るため、簡単には外務省に付くＭＩ６方式で決定できないと言われる。そんな省庁間の勢力争いが、対外情報機関が実現しない裏にちらついている。

ＮＳＣの局長にしても、初代は外務次官だった谷内正太郎だったが、警察庁出身で、内調をトップ（内閣情報官）として率いてきた北村滋が二〇一九年九月から二代目局長となっている。主導権が外務省から警察庁に移った印象である。この人事においても、外務省の不快感は相当なものだったと聞く。

ちなみにこうしたインテリジェンスをめぐる日本の動きには、中国や韓国が異常な関心を示す。ＭＩ６やＣＩＡを参考にした対外諜報機関の設立を目指していた自民党のインテリジェンス・秘密保全等検討プロジェクトチームの座長だった町村信孝が、講演で対外のスパイ機関の必要性を主張した際も、中国のメディアは極めて敏感に反応している。

コンサバで公務員的なスパイたち

ＭＩ６の元スパイは、現役時代に日本の情報機関ともやりとりしたことがあると言う。そんな彼には、日本の情報体制はどう映っているのか。

「非常に頭のいい人たちだった。回転も良く、理論的に物事を進めている感じであったが、日本の情報担当者たちは、『政府職員』というイメージが強かった。九時に出社して五時に退社というルーティンで、ただ仕事をこなしている感じがあり、その後、自宅に帰っているようだった。ＭＩ６ではそんなことはありえない。もちろん、どちらが良いということでなく、やり方が違う。ＭＩ６では、九時～五時という仕事のスタイルは存在しない。二四時間、任務にあるという感覚だ。

　何があろうが関係ない。プロジェクトを担当しているときは、家に帰ってどうこうって時間はないと言っていい。そのプロジェクトが終わるまで、任務を続けなければならない。休むことはない。日本の情報機関は、思想的にも、守りに入っている感じがする。考え方自体が、公務員的、コンサバティブ。もう一度言うが、それは別に悪いことではない。文化の違いだろう。

　ポジティブな面では、日本国内における情報収集のスキルは高い。それは間違いない。彼らがまとめた情報から、有力な点を集める作業は非常に優れていたのを覚えている。そのスキルは大したものだった」

「ただ」と、元スパイは続ける。

「それを集約してインテリジェンスに磨き上げる能力が足りなかった。さらに言うと、彼らには独立性や独自性がないと思った。言われたことを組織内でだけやっているという印象だ。みなが同じ方向に向かって活動しているという感じもあまり受けなかった。

このような日本の縦割りについては、ＭＩ６も昔は同じような問題を抱えていた。だが、国家のためのインテリジェンス活動という同じ目的を認識させることで乗り越えてきた歴史がある。

情報機関に独立性がないのも、日本だけの問題ではない。インドあたりもそうだと言える。しかし、ＭＩ６やＭＩ５（保安局）なら、上から抑えられるようなコントロールはまったくない。国を守るという目的が身体に染み込んでいれば、何でも好きなことができるし、それぞれのスパイはそんな力を持っている。国家のすべてがＭＩ６を信頼しており、ＭＩ６もはっきりとした目的を持っていて、それを周りも理解して受け入れている。何度でも言うが、イギリスと国民、そして女王を守ること、これがＭＩ６の絶対的な目的なのだ」

日本では最近でも、政権に都合の悪い政務次官のスキャンダルを国内の情報機関がマスコミにリークしたという話や、政権に近い人物の刑事事件を揉み消したというような話が報じられたりしているが、元スパイは、これらの話が事実だとしたら、情報活動というものに対して、国民の理解を得られないだろうと語る。

「本当にそういうことをしているのなら、自分たちの存在価値と信頼性を貶めていると言える。結果的に自分たちの首を絞めているようだ」

そんなことをしている場合ではない、とＭＩ６の元スパイは言う。

「本当に国として自立していくのに、諜報機関は不可欠ではないか。本当の使命とは何かということから考えたほうがいいかもしれない」

また、対外諜報機関設立に過去の歴史からくるネガティブな印象を拭えないことが支障になっているとの意見にはこう提言する。

「対外諜報機関がなければ国を守れない。それをしっかりと認識して、ＣＩＡのように国民は監視しない、といった法規制を作ればいい。イギリスは、七つの海を制覇し、インテリジェンスで植民地統治をこなしていた。日本もそろそろ自立を考えるべきでしょう。日本が独自のインテリジェンスを駆使できるために、ぜひ日本版ＭＩ６を実現してほしい」

第二章　MI6と日本との交わりと、日本での活動と実態

サイバー嫌がらせにはサイバー嫌がらせを

君が関わっている会社に攻撃を仕掛けているヤツがいる——。

今回、筆者が話を聞いたMI6元スパイのもとに、旧知のMI6関係者からメッセージが来たのは最近のことだ。この元スパイが関わっている企業の日本部門に対して、インターネットを使ったサイバー攻撃を企てている人物がおり、関係者はすでにその攻撃者も特定しているという。この企業で背任行為を犯し、元スパイが対応して処分した男性だった。つまり、逆恨みで嫌がらせをはじめていたことがわかったのだ。

「忙しい日々を送っていたので、イギリス側から報告されるまで気がつかなかった」と、この元スパイは苦笑した。その後、「イギリス側」は報復措置として、この攻撃者の男性を貶める工作を開始した。インターネットのアカウントを使用できなくしたり、男性が就職活動をしていたことがわかったため、再就職に不利になるような情報を転職候補の企業に流すこともした。

こうした工作はイギリスのスパイにとってはお手の物だ。事実、国益に反するような動きをする他国の民間企業に対して、ネガティブな情報を流すなどしてビジネスを妨害していたケースなども明らかになっている。国家に何らかの悪影響を与えるものは見逃さない。それがＭＩ６の流儀だ。

「ＭＩ６の関係者などに危害を加えるような動きは潰されてしまうだろう。あまりにたちが悪い場合は、『消してしまう』ことだってある。ＭＩ６とはそういう組織だ」

そう、ことによっては脅威を物理的に「消し去る」のである。

人命軽視のＣＩＡ、一見穏やかなＭＩ６

ＭＩ６と聞いて、日本人は何を思い浮かべるだろうか。

そもそもＭＩ６という組織の存在が日本で知られるようになったのは、映画「００７」シリーズが有名になったからだ。一九六七年公開の『００７は二度死ぬ』では、いよいよ日本が舞台になり、ジェームズ・ボンドと彼が属するＭＩ６という名がより一層広く知られるようになった。イギリス軍の情報機関員だったイギリス人作家のイアン・フレミングが原作である同映画シリーズは、現在までに、二四作品が制作されている。二〇二〇年には、新たなシリーズが始まる予定だという話もＭＩ６関係者からは出ている。

もちろん「００７」シリーズはフィクションに過ぎないが、『００７は二度死ぬ』には日本のスパイ組織トップが登場する。すでに述べたように、日本にも「スパイ」はいる。公安調査庁や警察庁の公安警察、また内閣情報調査室などに所属して国内を中心に情報収集活動を行っている。

そのなかでも、MI6やCIAといった国外の有名な諜報機関のカウンターパートとされるのは「内調」であることはすでに述べた。主に国内情報を集めているが、国際情報を扱う国際部門が国外情報も集めている。ただ残念ながら、世界の諜報機関が扱う独自の情報には遠く及ばないというのが多くの認識だ。

そのためか、CIAやMI6などと協力関係にあり、情報交換をすることが主要な業務のひとつだという。内調の元関係者は、「私たちはCIAをアメリカの『A』、MI6をブリテンの『B』と呼んで、情報のやりとりをしている。Aは人命を軽く見ている印象です。Bの関係者は日本にはあまりいないと思いますが、いい人が多いですね」と話す。

といっても、これらはあくまで、日本側の言い分である。では、相手側は日本をどう見ているのか。同じ島国である日本のスパイ組織とイギリスのMI6の本当の関係性はどういうものなのだろうか。

韓国の内情に深く食い込む米英

筆者が国内外で何度も話を聞いたMI6の元スパイは、インテリジェンス分野における日本とのつながりをこんなふうに見ている。

「MI6からすれば、今、日本と反目する理由はない。ただ全面的に協力する理由もない」

日英両国の間には、軍事面で物品を提供したり、外国での緊急事態における自国民等の保護に協力してくれるなど、日英物品役務相互提供協定（日英ACSA）という協定があり、準同盟国という位置付けになっている。

にもかかわらず、元スパイは、「諜報機関の協力関係」という話には首を傾げた。

「繰り返しになるが、こちら側が日本に渡す、または共有するような情報は、もっとも重要度の低いものに過ぎない。薄い情報だと考えていい」と言う。

「CIAなどもまさにそうだろうが、いろいろな重要情報を日本の情報当局と共有しているというのはあり得ない。北朝鮮、韓国、ロシア、中国、こうした国で起きていることを、CIAはほとんどすべて把握していると言える。それらを日本と情報共有するのは考えられないし、していないだろう」

事実、以前に公安調査庁の元職員から、「ＣＩＡからもたらされる情報は、使えないと思えるものも多い」というぼやきのような声を聞いたことがあるが、この感覚は正しいということだろう。重要な情報は共有してくれないのである。

ＭＩ６の元スパイが続ける。

「朝鮮半島情勢で言えば、日本には韓国（韓国民団）や北朝鮮（朝鮮総連）の団体などがあり、そこから情報を集め、それなりのインテリジェンスを持っているはずだ。だがそれについても、ＭＩ６やＣＩＡはそれほど不可欠な情報とみなしていない。ＣＩＡなら、韓国には米軍基地があり、数万人規模の兵士がいる。いや、それどころか、実際には言われているよりも多くの兵士や米政府関係者が韓国内にいて情報を摑んでいる。北朝鮮と中国、ロシアが近くにいるのだから当然だ。そんな彼らが、韓国で何が起きているのか、いないのかを独自に把握していないとは考えられない。すべて自分たちで集めている。なんなら、韓国の内政にも工作すらしている可能性がある。

ＭＩ６にしても然り。二〇一六年に北朝鮮の元駐英公使が韓国に亡命しているが、もちろんそうした動きも、ＭＩ６が周到に関わっていないはずがない。北朝鮮なら、北朝鮮の国外にいる北朝鮮の政府幹部をスパイにする工作も行っている」

たしかに存在する協力者

ＭＩ６は二〇一四年までに、南アフリカで、北朝鮮の核開発に関与する北朝鮮高官に接触し、スパイにすべく何度か交渉をしていたこともある。協力の対価として金銭を払うことやＭＩ６と秘密裏に接触できる極秘の連絡先などを交換していたという。そしてこの高官が南アフリカに立ち寄る際に、現地の諜報機関である南アフリカ秘密局（ＳＡＳＳ）に協力を要請していた。この人物が南アに来る際の監視や、交渉を行う安全な場所の提供をＭＩ６は求めていたのである。この工作がうまく行ったかどうかは不明だが、こうした工作はＭＩ６が独自に行っている。

また、最近になって米政府はＣＩＡを中心に北朝鮮の金正恩政権と核開発問題で直接交渉を行っていたが、そうした動きも日本が関与する余地はなかったという。日本が彼らから受ける協力は、推して知るべしということだろう。

もちろん、日本の情報機関関係者の中にも、海外の諜報機関の諜報員と親しくしている人もいると聞く。ただそれと情報共有は別レベルの問題で、時には、そうした関係性から逆に情報操作されてしまったり、あげく、相手の利害に沿ってうまく利用されてしまうリスクもある。そうした国外諜報機関からの情報で動き、逆に外交問題などで混乱を起こしてしまうケースも散見されると聞く。

現在の日本はイギリスとの関係で、とくに差し迫った懸案はない。とはいえ、日本側から見ると、イギリスのEU離脱問題は関心事であり、日本企業が影響を被ることもあって日本経済に重要な影響を及ぼす。日本は情報機関や大使館勤務の関係者がその動向を追っているはずだが、逆に最近、MI6側の諜報機関関係者が日本で任務に当たっているということはあるのだろうか。

「もちろん。すべての国で、MI6はいろいろな現地の協力者（インプラント）がいる。日本にももちろんロジスティックス（支援）などを担当する人などを含めた関係者はいる。私が勤務していたころにもいたのは知っているし、今もいる」

元スパイは続ける。

「イギリスは、インテリジェンス活動という意味でアメリカやロシアと競合しており、これらの国ではMI6が抱えるインプラントやモール（スパイ）の数は数百人規模になる。MI6が利害を鑑みて、重点的に注意をはらっている国だからだ。さまざまな立場で協力をしているために、それくらいの規模になるのは当然。それぞれの国には、私たちスパイが現地入りした際に旅行をアレンジしたり、車を手配したり、運転をする協力者たちもいる。ところが、こういう人たちは自分がＭＩ６に協力している自覚すらない場合も多い。日本の場合も同じだ。

現時点では日本とイギリスは非常に関係の良い友人同士といったところだ。大きなトラブルを両国間で抱えているなんてこともない。日本にスパイ網を張って、日本を陥れるような情報を得るために厳しくスパイ活動をする必要はないということだ。ただ、何かが両国間で起きた際には、すぐに対応できるためにＭＩ６のスパイが足場は確保しているし、首相から情報を求められた場合に備えて情報は常に集めている」

ＭＩ６だけでなく、その他の友好関係にある国々のスパイたちも、日本が誇る自動車産業の拠点の周辺では活動を展開している。諜報機関は、世界に影響を与える人や企業の動向には目を光らせているものだ。

ゼロトラスト（けっして信用しない）

この元スパイのくわしい経歴は明かすことはできない。だが長年ＭＩ６に所属し、世界各地でスパイ工作に従事してきた人物であることは間違いない。すでに退職しているが、ＭＩ

6で働いていた職歴は完全に抹消され、その空白期間は一般企業で働いていたことになっている。その「偽」の経歴は、MI6が退職に伴って用意したものである。

筆者も、アメリカやシンガポールに暮らし、長期にわたり南アジアや欧州など各地で取材活動をしてきた経験から、いろいろな要人やスパイたちに接する機会があった。そんな活動のなかで知り合うことになったこの元スパイは、何度かの交渉の末に、MI6について、筆者の取材に応じてくれることになった。

この人物は、キャリアの中で何度か日本を訪問し、日本の情報機関関係者とやりとりを繰り返した経験もあるという。そんな彼の目には、日本とMI6の関係はどう映っているのか。

「今から何年も前に私が現役だったころ、諜報活動を指揮するエージェントはいた。日本に永住しているイギリス人がエージェントをしていることもある。当時、日本のインプラントは二〇人もいなかったと思う。いろいろな省庁、情報機関の当局、政府関連機関や民間などに協力者や情報提供者はいた。ただ単に食事をするだけの民間企業の関係者なども、もちろんこちらの本当の顔を知らずに関わっているし、ロジスティックスで協力している人たちももちろんいる。たとえば、電話など通信手段の安全を確保する人たちもいる。企業のサービスを利用すれば、こちらの個人情報をそこまで伝えなくてもいいので、そういう企業もいくつか確保している」

ＭＩ６では、プロジェクトの指揮をとるエージェント、その下にエージェントをサポートするスタッフが数多くおり、世界中でイギリスのために諜報活動を行っているのである。末端には、ＭＩ６の仕事をしていることを知らない人も多いらしい。

ＭＩ６は組織の文化として、こうしたミッションにおいて現地で関与する人たちのことすらも、まったく信用しないよう叩き込まれているという。

「まず私たちは映画のように作戦を『ミッション』と呼んだりはしない。『フィールドワーク』と呼んでいる。『モスクワのフィールドワーク』に行く、といった具合だ。

外国の現場では信用がすべてで、自分たちの協力者であってもまったく信用はしない。私たちの中では信用度に四段階のレベルがあり、日本での作戦の際には、足がつかない通信デバイスを確保する企業を雇っても、彼らとは最も信用度の低いレベル４の関係から始まる。

インプラントなども同じレベルで、つまりいっさい信用していないということだ。相手は私がただの顧客ということ以外、何も知らない。でもレベル３になれば、もう少し情報を与えられ、こちらの要望も少し高くなる。レベル１ともなれば、必要があればコミットメント

（覚悟を持たせる）の意味でも、こちらがイギリスの政府のために働いていることを伝える場合もある。MＩ6とは明かさなくとも、相手が気づいている場合もあったと思う。とはいえ、日本のインテリジェンス関係者は、そこまで判断できる情報がないので、政府機関と言ってもまさかこちらがMＩ6だと思うようなことはないだろうと思っていた。

MＩ6は外国人にレベル1の信用を与えることはない。レベル1のクリアランス（機密情報にアクセスできる権限）は、外国人には与えられないので、どれだけ頑張ってもレベル2だ。つまり、システム的にも、限られた情報しか外国人には提供しないし、できないことになっている」

MＩ6の任務においては、このゼロトラスト・モデルが鍵になっているようだ。MＩ6という機関の実態については、後章でもさらに深く探りたい。

中朝韓への諜報活動

喫緊の問題が日本との間にはないからと言って、MＩ6が日本について情報収集をしないわけではない。この元スパイがいたころは、「香港を拠点にしているスタッフも、中国の政府関係者らや、東京の政府関係者などの会話も傍受していた」という。

中国やロシア、北朝鮮と韓国など東アジアとその周辺は、世界情勢に影響を及ぼしかねない地域でもある。そんなことから、ＭＩ６も日本を含むこの地域で強い関心を持って情報収集をしている。

「日本に住んでいるエージェントに、周辺国でフィールドワークをするよう指示が下ることもある。たとえば中国に行って情報を集めろ、と。

そこでいくつか活動をさせる。近くに住んでいたり、手が空いている諜報員を行かせるケースは多い。日本はアメリカの支配がかなり強いので、そもそもエージェントなどの数は少ないが、それでも周辺情報は探っている」

最近では日韓関係の悪化が話題になっているが、実はそういう地政学的に大きな動きがある場合にも、ＭＩ６は情報収集を強化する。東アジアにおいては、北朝鮮という世界を揺さぶる可能性がある国を中心に、隣の韓国国内の動向も注視している。

反日傾向が強まる中でスパイ活動が活発に

この元スパイによれば、最近、韓国国内の新たな動きを摑んでいるという。それは「反日行動の変化」だ。

最近の日本と韓国の間で起きた問題を振り返ると、もともとは二〇一八年一〇月に徴用工訴訟の賠償問題が起き、一一月に一方的に文在寅政権が慰安婦問題日韓合意を事実上無効化。一二月には韓国軍が海上自衛隊のP－1哨戒機に対して火器管制レーダーを照射した。二〇一九年に日本が韓国に対する輸出規制を強化すると、韓国も応戦し、日韓の軍事情報包括保護協定（GSOMIA）を破棄すると発表するに至った。韓国は結果的にアメリカのプレッシャーによってGSOMIAの破棄を撤回した。こうした一連の流れの結果、日韓関係は戦後最悪と言われる状態に陥っている。

MI6は、今回の両国関係悪化では、韓国内にいる大手企業の幹部らが、反日デモに参加していることを把握しているという。しかもその様子を写真にも押さえており、「ビジネスは別の話」というこれまでの日韓経済における大人な対応を踏み超えるところまで来ていると分析している。それが北朝鮮の非核化交渉にネガティブな影響を与える可能性もあるとにらんでいるのだ。

MI6はさらに、韓国が日本の軍事産業などにかかわる民間企業などに、サイバー攻撃を仕掛けていることもわかっているという。

課報機関員というのは、退任後も元同僚と情報交換などを続ける人が少なくない。筆者は

ＭＩ６やＣＩＡでも、退職後も定期的に情報網と連絡をしている人たちを知っている。そういう情報を、退任後の仕事などに生かしていくこともあるし、外部から間接的にかつて所属した組織を支えることもある。

ＭＩ６の元スパイのもとにも、日韓関係については、ＭＩ６から最新情報がもたらされていた。

「最近は、日本にいる在日韓国人が、韓国にいろいろな情報をまるでスパイのように送っていることを把握している。以前も多少はあったが、今のようなレベルではなかったと分析されており、最近、日韓関係の悪化にともなって、そうしたスパイのような行為が増えているようだ。韓国側が日本の政治関係者や要人などが利用する『飲食店』もターゲットにしており、店の関係者から情報を吸い上げたり、サイバー攻撃によりハッキングなどを行って情報を収集したりしている。何十年と暮らしている在日韓国人が、飲み屋などで仕入れた政治家や高官などの話を熱心に送っているケースもあるようだ」

また、筆者が別の取材で耳にした、韓国の軍事関係者らによる日本の軍事関連産業へのサイバー攻撃についても、この人物は承知していた。

「レーダー照射の事件後、日本の軍事関連の大手企業にはサイバー攻撃がとくに増えている。私たちは、その中に、韓国からの攻撃も含まれていることを把握している」

あふれる中国の民間スパイ

東アジアの情勢を語る上では、中国を忘れてはいけない。MI6元スパイによれば、中国についてもこんな情報があるという。

「中国は、旧正月には毎年、年に一度のスパイキャンペーンを行う。旧正月が近くなると、中国の当局者や政府につながっている人たちが、日本など国外に暮らす中国人ビジネスパーソンなどに『帰国の手助けをします』と接触する。旅費を援助するなどと誘惑し、それで国に帰国させたら慎重に情報機関に協力するよう話を持ちかける。国外でのビジネスもうまくいくようにしてやるから、と金銭的にも協力する。しかも悪びれることもなく、大々的にやっている」

そのうえで、MI6が把握したこんなケースについて話をしてくれた。イギリスのグラスゴーのヌードルショップを経営していた女性が、実は中国の情報機関の協力者で、グラスゴー周辺で得た情報などを本土に送っていたことが判明した。そういうスパイが世界各地に存在しており、日本にも各地にいるのだという。

このケースのように中国にはおそらく世界でも稀な公共の「スパイ」が多いと、このＭＩ６元スパイは指摘する。どういうことかというと、タクシードライバーとかショップ経営者を装いながら情報を本土に送っているのである。スパイ機関に属することなく、情報活動をしているらしい。

世界最古の諜報機関

ＭＩ６による日本での活動は歴史的にも記録に残されている。

そもそも、ＭＩ６が設立されたのは一九〇九年。世界で最も古い諜報機関は、ドイツ帝国の台頭という脅威から生まれた。

ドイツのスパイが大英帝国に侵入しているとの話や、経済的にも軍事的にも成長著しいドイツが大英帝国に攻撃を仕掛けるのではないかとの恐れも浮上するようになった。もちろんそうした懸念は杞憂に終わるのだが、危機感を抱いた政府はＭＩ６の前身となる「シークレット・サービス局」を設置した。

だがそれ以前より、イギリスは世界中で領土を拡張し、インドやアフリカなど、世界各地で情報収集をしてきた歴史がある。大航海時代をはじめ世界に商機を見出した列強として、世界情勢の実態を知るのは不可欠で、インテリジェンスの文化が早くから根付くのは当然だったのかもしれない。

そんな国で誕生したシークレット・サービス局は、国内担当と国外担当に分かれ、後者が国外の情勢を把握する情報収集を担当することになった。そしてその対外組織を率いることになったのが、マンスフィールド・スミス・カミング海軍大佐だった。カミングが就任し、職に就いた初日の日記には、「オフィスに行き、一日中過ごしたが、そこには自分以外誰もいないし、何もすることがなかった」と書かれている。そんなところから、ＭＩ６の基礎は作られていった。

カミングはロンドンで輸出関連企業を装った拠点を作る。一九一四年に第一次大戦が勃発すると、同局は軍部と行動を共にするようになり、その活動の中でドイツ軍を裏切った海軍将校から、軍関連情報を購入する。それが戦いを優位に進める情報となった。これこそが、スパイ活動の本質だと言えよう。

大戦時の日本とのせめぎ合い

一九二〇年ごろには、今の名称であるＳＩＳ（秘密情報部）という正式名称になった。Ｍ

Ｉ６という通称で呼ばれるようになるのは第二次大戦後からである。

第二次大戦前には、ＳＩＳは資金不足が大きな問題となっている。そしてこのころ、イギリスは日本を脅威であるとみなしていたが、資金不足のために日本にスパイを送り込むことができない状態にあった。当時のイギリス情報機関について記録した『ＭＩ６秘録』（筑摩書房）によれば、長官だったヒュー・シンクレアは、「極東に関する『不満足な立場』、とくに『日本に関する』問題」を提起していた。日本などの「潜在的な敵」に対して「本当に内部の情報を獲得する」ことができないとの懸念を持っていたと記録には残されている。

しかもそれ以降も日本を「極東の情報の第一のターゲット」と名指しし、警戒対象国としていた。そして当時、東京と神戸、長崎など数ヵ所に数十人の人員を配備したのだが、大した成果を上げることはできなかった。その理由は、日本の「外国人嫌いの風潮と猜疑心」や、外国人が厳しく見張られ、スパイ騒動が頻繁に起きている状況があったという。

イギリスは当時、アジアで植民地を拡大し、香港にも拠点はあったが、日本での諜報活動は十分にできていなかったことがわかる。

一方で、第二次大戦中はＳＩＳと、現在シグナル（通信）の監視などを担当するＧＣＨＱ（政府通信本部）の前身、ＧＣ＆ＣＳ（政府暗号学校）によって、ドイツの暗号機エニグマを解読したことで知られる。

当時のSISは間違いなく世界でも最も恐れられた諜報機関のひとつだった。日本に絡むこんな話も残っている。トルコのイスタンブールからシリアやイラクなどを結んでいた国際列車のタウルス急行で、日本陸軍の立石方亮中佐が企てていた列車の爆破テロ事件を、事前に阻止したこともあった。立石は、戦前からソ連やトルコ、ブルガリアの大使館などに武官として赴任していた人物だった。トルコ・イスタンブールに配置されていたSISの破壊活動取締班がこの爆弾を処理したと記録されている。

戦時中は、日本の進撃により、香港やシンガポールが陥落した。その際、日本軍はSISのスパイたちも拘禁している。

一方でこの時期は、日本も国外でのスパイ工作を実施している。ジェームズ・ボンドのモデルのひとりとなったイギリスの有名スパイのシドニー・ライリーは、日露戦争の開戦前夜には、満州でビジネスマンを装いながら、イギリスと日本政府の二重スパイとしても活動していた。司馬遼太郎の『坂の上の雲』にも登場する明石元二郎が、ライリーをリクルートして運用していたという。スペインでは、元外務省情報部長でマドリード駐在の日本公使だった須磨弥吉郎（すまやきちろう）が「TO機関」という諜報機関を立ち上げ、アメリカの情報をスペイン経由で日本に伝えていた。

ＳＩＳは中国における日本の活動も把握しており、北京や広東にあった日本の情報組織を監視し、日本の工作員が現地の若い女性たちをスパイ工作に使うべく訓練をしていたという報告も残っている。

対ソ諜報から独自の世界的インテリジェンスに

ＳＩＳが本格的に東京に支局を設置したのは、一九四七年のこと。当初は、戦後に日本の支配のために置かれた連合国総司令部（ＧＨＱ）と、イギリス当局の連絡を担う使節団として設立された。ダグラス・マッカーサー元帥がイギリス政府と連絡をとるための組織としても機能したという。

ＭＩ６日本支局の初代支局長は、大学で教授職にあった、日本で生まれ育ったカナダ人。支局長就任にあたり、スパイ活動に素人だったこのカナダ人はイギリスで二ヵ月にわたってスパイについて学ぶ講習を受けたらしい。それでも言葉の問題など、日本での活動は厳しいものがあったという。ちなみに韓国支局は翌年に立ち上がり、北朝鮮や韓国、中国北東地域の共産党の活動について諜報活動を行っていた。

戦後は冷戦構造の中、敵はドイツからソ連や東側陣営にシフトして、MI6はそうした国々にからむ情報を集めた。その後MI6はソ連のアフガニスタン侵攻、フォークランド紛争などでも暗躍。経済規模が大きくなっていく日本に対しても、MI6の経済部門が日本の産業界についての情報も収集するようになっていった。

一九八九年に冷戦が終結すると、CIAなどソ連を主敵としていた諜報機関の存在価値が揺らぐことになる。MI6も例外ではなかった。そこから人事を刷新するなどして組織の改革を進めることになるのだが、そんな経緯から一九九三年になってはじめて、それまで公に認めてこなかったMI6の存在を公表した。イギリス議会は、情報機関法を成立させ、MI6の活動を法的に認めることにもなった。

MI6は旧植民地だったコモンウェルス（イギリス連邦）などには他の国には真似できないような独自人脈を築いており、それらをうまく活用しながら世界中で諜報活動を実施してきた。最近では、エリザベス女王の孫であるウィリアム王子がMI6などの情報機関で研修の任務を行ったことなどがニュースになるようにもなった。ジェームズ・ボンドで耳にしたことがあるという程度の知名度だったMI6は、現在、おそらく歴史上最もその存在が身近に感じられるスパイ組織になっている。

　そんな現代のＭＩ６は、今、どのように活動しているのか。その知られざる実態を知るために、再び元スパイの話に耳を傾けてみたい。

第三章　知られざるＭＩ６の実力と秘密の掟

敵国スパイを「消した」とき

ＭＩ６には公式ウェブサイトが存在する。そのサイトにアクセスすると、まず最初に目に飛び込んでくるのが、爽やかな色合いで書かれたこんなメッセージだ。

「われわれはイギリスをより安全でもっと繁栄させるために国外で活動を行っています」

そしてそこのリンクから、簡単に活動を説明する動画を見ることができる。まるで新作映画のプロモーションビデオのようだ。世界中で諜報活動をするのがわれわれの使命であると説明されている。

こう見ると、ＭＩ６はスパイ機関という「怪しげ」なイメージを覆し、オープンな組織に生まれ変わろうと奮闘しているようにも思えてくる。だが、世界有数の諜報機関の現実はそんな生やさしいものではない。

筆者の取材に応じたＭＩ６の元スパイはこう言う。

「もちろん人を殺めることもある。それはエージェンシー（ＭＩ６）でも明確な権利として定められている。国を守るためであれば、自分の命を犠牲にしたり、誰かの命を奪ったりということは仕方のないことだ。インテリジェンス・コミュニティでは、そんなことは常識だと言える」

つまり、ＭＩ６のスパイには映画「００７」顔負けの「殺しのライセンス」が与えられていることになる。このことは、別の証言からも明らかになっている。一九九九年から二〇〇四年までＭＩ６の長官を務めたリチャード・ディアラブは、二〇〇八年の証言で、ＭＩ６スパイには情報機関法に基づいて、国家の利害のためには「違法な活動」が許されているとし、それには「殺傷」も含まれると認めている。

そしてその「ライセンス」こそ、筆者の取材に応じてくれたこのＭＩ６元スパイが同機関を去ると決めた最大の理由のひとつだったという。

「ＭＩ６の内部の人が消されたケースもあるし、監視している相手が消された場合もある。あるアジア人を監視していたときのことだ。あまり細かいことは言えないが、この人物の経営する会社はイギリスで不動産業をやっていて、業界で名が知れるようになっていた。

その会社が情報機関のような動きをしはじめたことを、こちらは察知した。情報を盗んだり、スパイ工作のようなことをやってみたり、だ。イギリス人、とくにＶＩＰなどの情報を集めて、それを自分の母国に送っていたこともわかった。まるでスパイ機関のように動いていた。

私たちは欧州のある国で彼の動きをずっと監視していたが、この人物はこちらの動きに感づいた。しかも国に戻してしまうとこちらの動きが丸裸になってしまうような情報を摑んでいたので、彼を消すしかなかった。私たちの国を守るにはそれも必要なことだった」

一般の社会常識からは考えられない話だが、諜報機関としては珍しくはない。とある日本の情報機関関係者が以前、「国外の諜報機関は人の命を大事にしない」と筆者に言ったことがあるが、これがスパイの世界ということなのか。

MI6の元高官でソ連の二重スパイだったキム・フィルビーの評伝『キム・フィルビー かくも親密な裏切り』（中央公論新社）にはこんなくだりがある。

死は、この商売にはつき物だ。（中略）イギリスの情報機関は、MI6の好んだ陽気な婉曲(えんきょく)表現で言えば、敵スパイを「片づける」のをためらうことはなかった。

イギリス情報局の組織図

設立から一〇〇年以上、歴史の裏舞台で暗躍し、現代でも活躍する最古の諜報機関であるMI6は、いったいどんな組織なのか。基本的にMI6の活動は機密であり、その内情を簡単には知ることはできない。だが内部にいた元スパイなどの証言から、その実像を窺い知ることはできるはずだ。

取材に応じた元スパイは、ＭＩ６の使命をこう説明する。

「国家の安全のためにライバル国の情報を得ること。たとえば紛争地などでも、武装部隊を相手国に送り込むことはできないが、それを埋めるためにＭＩ６が作られ、秘密裏に敵国に入って内情や情報を獲得する。そしてそれを無事に持ち帰り、競争の中で優位に立つというのが仕事だ。ＭＩ６にとって、最大の目的は国家を守ること。二番目に大事なことは、競争の中で優位に立つこと。地政学的にも、イデオロギー的にも。世界中の国が対外情報機関をもって、国を守ろうとしている。それが世界では当たり前のことだ」

こう聞くと、対外諜報機関を持たない日本の姿は、世界ではやはり非常識だと言える。

簡単にイギリスの情報機関の構造について説明すると、イギリスには主に三つの情報機関がある。対外情報を扱うＳＩＳ（秘密情報部、通称ＭＩ６）と、国内の情報を収集するＳＳ（保安局、通称ＭＩ５）、シギントと呼ばれる通信やデジタルネットワークなどの傍受を担うＧＣＨＱ（政府通信本部）だ。

さらに、国防省の傘下にあるＤＩＳ（国防情報参謀部）は軍部に情報を提供し、ＭＩ５に本部を置くＪＴＡＣ（統合テロリズム分析センター）は政府の一六組織の代表が集められたテロ対策の機関だ。また内閣府のＪＩＣ（合同情報委員会）という組織は、各情報機関からの情報を集約し、政策立案者らに提供する役割を担っている。

ＭＩ６は基本的には独立した組織という位置づけだが、ＧＣＨＱと共に、外務省の下に置かれている。

イギリス政府によれば、「政府内では、安全保障の問題については首相が全体的な責任を担っている。内務大臣は保安局の責任者で、外務英連邦大臣は秘密情報部と政府通信本部の責任を負う。国防大臣は国防情報参謀部に責任を持つ。これら情報機関を担う大臣は国会に説明責任があり、議会の監査が存在する。日常の業務は、それぞれの組織のトップが監督し、トップたちは首相と担当大臣に年次報告書を提出する法的な義務がある」という。

ただ近年、ＭＩ６は不祥事などを経験し、ＧＣＨＱが運営に口を出すような立場になっているとの話もある。個別のスパイ工作などを監督するようなことはないが、予算面などでＧＣＨＱの発言も高まりつつあるらしい。

潰された民間スパイ会社

その転機になった問題のひとつが、二〇〇九年に起きたカリブ海に浮かぶイギリス領ケイマン諸島での事件だ。この話は公には知られていないものである。

当時、ＭＩ６のスパイが何人も組織を離れて独立した。しかも三人が中心となって、一緒にケイマン諸島で、民間の諜報組織を作るという。ケイマン諸島といえばタックスヘイブンで知られ、不透明な資金が流入することが国際的にも問題視されている。元スパイたちには、外国の情報機関から多額の資金が提供されており、しかも世界の名だたる諜報機関からも何人もが、その会社に合流していた。

彼らのビジネスは、各国の情報機関の情報を民間企業や政府に提供することだった。すぐにアメリカの大手ＩＴ企業が多額の契約金を払って情報を手にするようになった。

問題は、元ＭＩ６の人脈を活用し、ＭＩ６などが収集していた機密情報も扱って他国に提供していたり、スパイらの経験や情報も商材に使っていたことだった。クライアントは不明だが、日本の企業への調査依頼なども行われていたという。また敵対国や、宗教などで価値観を共有しないような国、さらには人権問題が国際社会で問題になる国などにも、欧米側の機密に近い情報などが流れていた。

結局、その企業はMI6によって「潰される」という結末になった。超えてはいけないラインを超えて、ビジネスを展開していたからだ。この一件はMI6のあり方を問い質すきっかけとなり、以降、GCHQによる干渉が強まり、それまでのような完全な独立性を少し失う結果になったという。MI6の動きを批判的に見る勢力も出て、組織のあり方を見直そうとの動きも目立つようになった。GCHQがMI6に影響力を持つようになったのには、そういう背景もある。

「007」はトップスパイではなかった

そもそも、MI6ではどれほどの人が働いているのか。MI6には現在、二五〇〇人以上が勤務している。イギリス公共放送BBCによれば、同機関はこの数を二〇二〇年までに一〇〇〇人増やし、三五〇〇人ほどにする予定だ。もちろん、こうした人員以外にも、世界中に大量の協力者を抱えている。

元スパイによれば、MI6の内部は少数精鋭であると解説する。

「マネジメントのポジションにいる『エージェント（スパイ）』は五〇人以下だ。つまり、どんな作戦が行われているのかを把握しているスパイはそれだけしかいない。

　彼らが、世界中のスパイ活動を実際に指揮しているのである。エージェントにもランクがあり、上級のエージェントは『００９』『００８』とランク付けされている。『００９』が最も優れており、最も数が少ない。このランク付けについての情報は近々機密解除され、ジェームズ・ボンドの映画で扱われる予定になっていると、今、関係者の間では話題になっている。『００７』のランクのエージェントはそれより少し劣る、ということだ。

　その下には、アソシエート・エージェントとなる諜報員（オペレーション・オフィサー）などサポートのスタッフが三〇〇～四〇〇人いる。彼らも優秀なエリート集団である。こうしたスタッフすべてがスパイという定義になるだろう」

　オペレーションの全体像を知っている人間は非常に限られているということだ。世界各地で作戦を実行するのに一万人もエージェントは必要ないというのが、ＭＩ６の考え方だ。一つの作戦に一〇人のエージェントをつけても結果はあまり変わらないし、良い結果になるかどうかも保証されないためだ。

　またこういう側面もある。現場の諜報員が仮に拘束されるようなことになっても、作戦のすべてが明らかにならないようにする工夫でもある。

相互監視と現地協力者

特筆すべきは、エージェントの権力が絶大だということだ。彼らはエリザベス女王にもアクセスできる。工作のためなら資金も使い放題だという。

「エージェントがもし東京に来て、ホテルが安全ではないと感じたら、必要ならマンションですら買える。カネについては、基本的に使い放題と言っていい。すべては彼ら個々の判断に委ねられている。CIAなら監査とかもあるだろうが、MI6のスパイには関係ない。サポートの諜報員でも、領収書のいらない経費は年間三万ポンド（四五〇〇万円）は使える」

ただ、MI6には、独特のシステムである「ツー・アイド・シーイング」という仕組みがある。エージェントを中心に工作チームを編成する場合、サポートするスタッフの中に必ずエージェントの動きを監視する「ツー・アイド・シーイング」という役割のスタッフが、密かに任命される。「ツー・アイド・シーイング」によって、エージェントの「暴走」や「不穏な動き」を察知しようというのだ。

MI6元スパイは続ける。

「スパイはそれぞれが断片的な情報を集めてくる。例を挙げると、他の国で仕事をする場合も、常に移動はひとりでする。

現地では、インプラント（協力者）がいて、それぞれがいろいろなかたちで私をサポートしてくれる。現地でコミュニケーションのためのデバイスが必要なら、彼らが手配してくれる。車が必要だったり、家が必要だったり、ホテルの部屋をとるにも、自分でやることはない。すべて、その国のインプラントがやる。そうしたインプラントは実際に現地の市民であり、自然にいろんな準備ができる、その国の国籍を持っている人たちだ。

先に述べたとおり、インプラントは私たちがＭＩ６であるという情報は知らない場合がほとんど。普通のビジネスマンだと思っているケースが多い。実態は、私たちは作戦に従事するためにその国に入っているのだが」

恋人との旅行は消されるもとに

こうして集められた情報のすべてを知ることができるのは唯一、ＭＩ６の長官だけだ。基本的に、それぞれが収集した情報をつなげなければ、完全な情報にはならない仕組みになっているという。一人の人間がすべての情報を持つというリスクは犯さない。その背景には、ＭＩ６の哲学があると、この人物は言う。

「常に私たちの活動の基盤にあるのは、MI6の職員が共有する、ゼロトラストという考え方だ。つまり、すべて疑ってかかり、誰も信用しないということだ。それが国際情勢の裏にある世界の常識なのだ。インプラントも信用しないし、同僚も信用しないし、そのほかの職員も信用しない。信用はゼロ。それが原則の姿勢だ」

前章でも触れたゼロトラストの原則だ。事実、関係者たちは「家族は信じない、父も、母も、妻も、子供も、彼女も、そして他の国を信じない。自分のエージェンシー以外は信用しない」と誓っているという。

五〇人以下と言われるエージェントたちには、さらに厳しい覚悟が求められるという。

「エージェントは、誰とも個人的な関係を持たないよう求められている。とはいえ、そう規則に書かれているわけではない。書いてしまったら人権問題になってしまうし、そういうかたちで自由を奪うのは違法でしょう。だから書かれてはいない。

でも実態は妻も子供もダメ、特定の恋人も作ってはいけないということになっている。エージェントには家族はいない。好きなだけ女性や男性を抱いてもいいが、恋人はダメ。それは弱みになる。そこから情報を搾取されてしまうのだ。エージェントが特定の女性と頻繁に会うようになったら、監視がつく。旅行にでも行って、ひとつの情報でも漏らそうものならそのスパイは、もう旅行先から戻ってこれないだろう」

それでもどうしても結婚したいスパイもいる。ただ、結婚をすれば、エージェントの仕事からは外され、サポートスタッフに回ることになるのだが、その後にエージェントに復帰することは決してない。定義されていないが、そんな原則が存在しているのである。

「それを条件にしてエージェントを雇う。現在のジェームズ・ボンド役であるダニエル・クレイグのようなモテ男では、エージェントは務まらない。そういうモテる人はそもそも雇わない。

とはいえ、エージェントも外出して人生を楽しむのかと言われたら、それは彼らも楽しんでいるかもしれないが、制約が多い。世界の情報機関といっても、そこまでストイックなのはＭＩ６だけだろう。一方で、サポート役のオペレーション・オフィサーなどのスタッフは恋人がいてもいいし、結婚もできる」

その謎めいたリクルーティング

そんな規律を求められるエージェントとは、どんな人たちなのか。以前話を聞いた別のイギリス人情報機関関係者によれば、「上級レベルのエージェントには白人もいれば黒人もいる。女性もいる。ただ映画に出てくるようなスパイはいないと考えていい。映画とは違い、太った人も多い。ただ天才的な人が多いのはたしかで、一一ヵ国語を使える人もいる」らしい。

オックスフォード大学やケンブリッジ大学といったエリート校を卒業している人である必要もない。元スパイは、「エージェントの経歴を見ると、防衛関係出身者が多い。イギリス空軍や陸軍、海軍などだ。メディアやPRなどコミュニケーション系の機関から来る人たちもかなりいる。というのも、コミュニケーション系の仕事では、ある事柄について、違う解釈ができるからだ。クライアントの意向によって、白でも黒と喧伝する訓練を受けている。ただし、それでもエージェントになるために何年か訓練を受ける必要はあるが」という。

エージェントになるのに、何年も時間をかけて研修のような調査活動を続ける必要がある。そういう訓練の期間を経てから晴れて、エージェントになれるのだという。しかしながら、エージェントになっても、フィールドワークに従事できるようになるには二年も三年もかかる。それまでは事前調査を行ったり、それ以外の任務を繰り返し担当させられる。

それでもいつエージェントになれるのかわからないケースもあれば、サポート役のオペレーション・オフィサーであっても、いつ正式に採用されるのか先が見えないケースも少なくないという。

エージェントになったとしても、なぜこんな仕事をしているのか、と冷静に自分を見つめなおしてしまう人もいる。そうなると、あっさり辞めてしまうこともある。最初は国のために働く、エキサイティングだと感じていても、しばらくするとそうでもなくなってくる……それはどんな仕事にも当てはまるかもしれないが。

ＣＩＡなら家族を持てて、子供を作って、子供を学校に行かせたりしながら日常を過ごせる。ＭＩ６のやり方は、ちょっと残酷に過ぎると言えなくもない。

ＭＩ６のスパイのリクルートは、もちろん普通の企業の採用活動とは違う。とはいえ、二〇〇五年にＭＩ６が公式サイトで「スパイ募集」をはじめたとして大きなニュースになった。英ガーディアン紙は、「秘密であることが最重要であったＭＩ６の古い伝統を考えたら、カルチャーショックだ。イギリスの未来のスパイは特別な私書箱に応募して就職を出願できる」と当時書いている。

ＭＩ6元スパイは、リクルートには「いろいろなパターンがある」と述べる。この元スパイのケースは次のようなかたちだった。

「あるアジアの国でＩＴ系の企業に働いていたのだが、大きな事件の対応を任され結果を出したことがあり、それを知ったイギリスの企業から転職の誘いを受けた。それでイギリスで就職したのだが、何ヵ月も経ってから、『君はイギリスのＭＩ６の仕事をしているのだ』と告げられ、正式に働くかどうかの意思を聞かれたというわけだ」

また、こんなケースもある。情報部員になるため、六ヵ月間にわたる選考を受け、ＩＱテストやロールプレイだけでなく、徹底した身元調査などを受けて採用される。志願者は、すでに社会的に成功している人も何人も応募してくるという。事実、諜報員の中には著名な映像制作者のような人もいるという話もある。つまり、すでに社会的に認知されているような人間であってもスパイである可能性があるということだ。

なりすましのトレーニング

スパイの日常はどんなものなのだろうか。ＭＩ６の本部は、ロンドン・ボクソールのテムズ川沿いにあるが、そこに日々出勤している人は、スパイ活動をサポートしている人たちや幹部などだという。

本部に出勤する際には、まず別の省庁に出勤してから、本部に行く。その理由は、本人の素性が特定されないようにするためだ。本部には、ふだんからそんなに人はいない。諜報活動をするスパイたちは、日常的に本部にいるわけではない。イギリス内に残っているスパイの多くは、各地に点在しているアジトなどにもいるらしい。

「映画などでは、みんなでＭＩ６の美しいオフィスに集まっているというシーンなどがあるが、ありえない。私がいたころは、イギリス国内だけでも一〇〇近い『アジト』があった。表向きは大工の店舗だったり、旅行会社のオフィスということもある」

とにかく身元が明らかにならないように日常生活から行動しているということだろう。ならば、海外で工作を行う場合には、どのような手順を踏んでいるのだろうか。

「海外に行く時は、偽名、偽造の肩書と経歴、カードなども全部偽造で、ちゃんとした会社に勤めている人に扮する。一見すれば怪しいことは何もない、駐在員のような立場になる。銀行カードなんかを持っていたら照会されて五分で捕まってしまうので、独自の支払いルートも確保している。どんな足跡も残さないように徹底している」

そう話すＭＩ６元スパイは、新たな工作を開始する前には、周到に準備をする期間を設けるのが通例だと語る。新しい身分も時間をかけて身につける。違う名前を使う際には、違う人格が必要になるからだ。ビジネスマンにならなければいけないときもあれば、エンジニアのような専門家になることもあるという。企業に勤めているスタッフのような顔もする。

もっともいくらMI6のスパイが優秀であっても、そんなに簡単には、肩書から経歴までも別の人間になりすますことはできないものである。準備不足なら、すぐにボロが出てしまい、工作どころではなくなってしまう。

そんな間抜けなことが起きないよう、スパイたちは何ヵ月もかけて訓練を行う。というわけで、工作に従事していない期間は、訓練や準備にかなりの時間を割いている。その訓練とは、他国の言葉や文化について学んだり、自分の別の人格についての予習だったり、ビジネス手法、新しい道具の使い方なども学ぶという。このような訓練は、MI6のキャリアの中でも大きな部分を占める。

ただひたすら待つ

工作が始まり、現地に行けば、インプラントがロジスティックス（物的支援）などのサポートをしてくれる。ただそうしたインプラントの多くは、先に述べた通り、自分がまさかMI6の協力をしているとは思っていないケースも多いという。

「ある国で、滞在場所を変える必要があった。同じ国内で、だ。まあ自分でやろうと思えばできたのだが、現地にインプラントがいる。その国で協力したのは、ある有名な大手の石油会社で働いている人物で、この人物の妻が外国人のアコモデーション（滞在拠点）などをアレンジする会社をやっていた。

そこで、その会社を利用した。その石油会社の人物がこちらとつながりがあって信頼できるからだ。妻の会社は外国企業相手だったから慣れたもので、私をイギリスから来た会社の役員だと思っていた。その妻の会社と契約して別のインプラントを雇った。

そうしたインプラント、職員を雇うのが仕事だったのだが、ホテルだけでなく利用する施設など、すべてをそこに任せた。また、当時はパソコンも持ち歩けない感じだったので、パソコンも手配してもらった。

中国のような人権意識の乏しい国だと、私たちがパソコンを持ち歩いていると当局者が簡単にパソコンの内部もチェックしてしまう状況だった。そんなことから、そもそも持ち運ぼうとはしなかった。中国にパソコンを持ち込むのはリスキーだ。とはいえ、仕事でいろいろなデジタル機器やパソコンのツールが必要だったので、インプラントに必要に応じて手配させていた」

その上で外国での工作も順序立てて、根気よく行われる。まずは現地に入ると、「レキ」を行う。レキとは軍事的なスラングで、リコネサンス（監視）という意味で使われる。

どんな現場でも、まずはレキから始まる。できるかぎりイギリス国内で情報を集め、現場に入ると、ターゲットの情報をできるだけ多く集める。彼らの経歴はどんなものか。どんな出自か。いまは何を担当しているのか。何時に起きるのか。何時にオフィスに行くのか。

映画などでは、エージェントが他の国に行くと、すぐに銃を取り出して銃撃戦をはじめるなんてことがある。カーチェイスをいきなり繰り広げたりというのも、よくあるパターンだ。ただ、現実はけっしてそんな派手なものではない。スパイは、隠密行動をしなければならないからだ。

映画「007」シリーズでも、ボンドは毎回、きれいなスーツを着て、パーティで人に会ったりする。もちろん、そうした任務も時には必要だが、現実には、「仕事の七〇パーセントは静かな部屋で、点と点をつなげる仕事」をしているらしい。意外に、地味な仕事でもあるのだ。

以前筆者が取材をしたCIAの元幹部も、CIA局員の仕事は、リポートや書類の作成といった作業がかなりのウェイトを占めると述べていた。情報は集めるだけでは意味がない。それを集約して、インテリジェンスとしてまとめてはじめて、価値を持つ。

リサーチもそうだが、スパイの仕事には忍耐力が必要になると、この元スパイは主張する。

「この仕事は忍耐が重要だ。待つことも多いし、監視で、ターゲットを根気よく見ていることも多い。我慢が必要だ。指令を達成できなかったり、問題を解決できなくて、たくさんの同僚がストレスを抱えて諦めるのを目の当たりにしてきた。

ＭＩ６で私が学んだ最大のことは何かと聞かれれば、間違いなく、問題を解決に導くには、時に問題が自然と展開していくのを待つ時間が必要になるということ。もちろん解決までにはイライラもするのだが、忍耐が必要になる。情報機関ではそうした忍耐力も訓練する。忍耐で、感情をコントロールしなければいけない」

これは、ビジネスパーソンにも当てはまるのではないだろうか。ビジネスの現場でも予測しなかったことは起きるし、やるべきことを根気よく、ひとつひとつ準備してこなしていけば、必ずゴールにはたどり着けるはずだ――。少なくとも、そう信じて待つしかない。そんな時も少なくないはずだ。

サイバー・ウォーフェア

ではＭＩ６がターゲットとするような相手は、どういう人たちなのか。

組織がイギリスの利害のために存在していることを考えれば、ターゲットは敵対国やライバル国の政策などに影響力をもつ重要人物、たとえば政治家や大企業の幹部、その他の分野の大物、またはイギリスに危害やトラブルを与えそうな人たちだ。その範囲は、外交や軍事から、経済の分野にまで及ぶ。ＭＩ６は彼らの背景情報を調べたり、工作を行ったりもしている。

一九九六年には、ＭＩ６がフランスの高度な原子力潜水艦追跡技術を盗んだことが、一九九八年には過去一〇年以上にわたり、ドイツ連邦銀行の幹部をスパイとして運用し、コードネーム「ジェットストリーム」という工作で、ドイツの金融政策から欧州経済の動向を探っていたことが表面化した。

身辺調査などをする場合でも、平均すると少なくとも二〜四ヵ月、長いと二年もかかってしまうこともあるという。

元スパイの証言だ。

「私自身が担当したものでは短くて五ヵ月だった。世界中で動いている作戦で、一〜二週間で終了というプロジェクトはない。イギリスに絡んで起きている問題があれば、それに関わる人物を調べあげ、今後どんな役割を果たしそうかについて、細かな情報の点と点をつなげていく」

相手国の中枢や、企業の内部に深く入って情報収集する工作もあるが、その準備段階では、同じように徹底して情報収集に時間をかけたり、協力者を見つけていくのが諜報活動の基本だという。

「私が勤務していたときに行われていた諜報活動は、大部分で、特定の国家の戦略的な動きや政策などについて、調べて明らかにすることだった。特定の問題でどの国がリードしそうか。特定の政治課題で特定の国がどんな立場なのか。他の国よりも先にそうした情報を手に入れ、特定の問題について、主導的な役割を手にする。先に情報を得ることで、世界のステージで、といっても水面下だが、その問題への発言力を高めることができる。だからこそ、その情報を外部に漏れないように国内で分析に使い、さらにそれを欧米の先進国などの間で水面下で示唆することで、国際的諸問題にイギリスがプレーヤーとして関与し、自国のプレゼンスを高めていく——そんな役割も諜報活動にはある」

そうした作戦を他の国よりも先に成功させたり、情報を察知するという競争も、世界の諜報機関同士では日々行われている。

それ以外では、敵対国や強豪国が、イギリスだけでなく、世界に対して行っているスパイ工作や妨害工作なども各地で調査している。最近では、特にサイバー攻撃、サイバースパイ工作が、従来の伝統的なスパイ工作にとって代わってきており、コンピューターにも精通した諜報員などが調べて、インテリジェンス活動を行っているという。

しかも攻撃も行う。ロシアの工作を調べていく過程で、ロシアがサイバー攻撃を仕掛けてきたら、反撃をする。今、諜報機関の間でも、「サイバー・ウォーフェア（戦争）」はしょっちゅう行われている。MI6でもさまざまなところ（政府など）から予算を取り付け、潤沢な資金を得て、サイバー工作を実践し、ロシアを攻撃する。下手をすれば軍事的ないざこざにもなりかねないので、かなり緊張感のある任務になっているともいう。

組み立て式のシークレットテレフォン

こう見ていくと、スパイの活動は映画の場面のようなかっこいいものではないことがわかる。ではスパイアクション映画の中の世界は、ほとんど虚構にすぎないのだろうか。たとえばスパイ映画に欠かせない、秘密の道具。MI6元スパイによれば、一般には出回っていないような秘密の道具を使うというのは「二〇〇パーセント常識」だという。

「映画で観るようなスパイの道具は、実際に存在するものをモデルとしたものも多いが、いわゆる機密扱いではないタイプばかり。現場でスパイたちが使っているもののほうが性能は良いと言える。映画の視聴者は、映画に登場した道具がすごいツールだと思うかもしれないが、実際に使われているデバイスはさらにすごい」

筆者が具体的に教えて欲しいと頼むと、一瞬ためらったあと、元スパイは言った。

「撃ったことがわからない、痕跡を残さない銃」

さらに続ける。

「私がＭＩ６にいた最初のころは、まだ携帯電話はさほど普及していなかった。その当時、エージェントなどは衛星電話をふつうに使っていた。とはいえ国外に仕事で行く際に衛星電話を持っていたら怪しいし、すぐに見つかって、捕らえられてしまう。

そんなことから、ＭＩ６では、衛星電話を五つの別々の道具に分解して持ち運べるようにしていた。キーボードの部分もバラバラにして現地で組み立てるようなかたちだった。しかもポケベルのようにも使って、今のメールのようにメッセージも送っていた。どの国の入管でも、まさか衛星電話を持っているなんて思わなかっただろう。ただの部品や機器になっていたのだから。

しかも、その衛星電話はわたしたちの任務には絶対に不可欠なものだった。コミュニケーションは基本的に機密で、隠さないといけない。察知されては困る。公共の電話なんかは盗聴されるので使えなかったからだ」

ハニートラップ

映画のように、時には「セクシー」なことも起きるし、そうした作戦も暴露されている。二〇一三年、元CIAの職員で、NSA（米国家安全保障局）でも勤務経験がある内部告発者のエドワード・スノーデンは、NSAから大量の機密情報を盗み出して暴露した。その中には、同盟国であるイギリスの機密情報も含まれており、イギリスの諜報機関が行っているスパイ工作の実態を垣間見ることができる。

GCHQの関連組織はMI6とも協力しながら、インターネットのデート系サイトなどを駆使してターゲットと「性的な接触」をし、その後にゆすりや脅しをかけていたという。または「性的な接触」をチラつかせながら、ターゲットの男性を陥れるというケースが多く使われている。いわゆる、「ハニートラップ」である。

ハニートラップとは、女性のスパイなどが色仕掛けで諜報や工作活動を行うことを指す。有名なところでは、イスラエルが進めていた核兵器開発について一九八六年にイギリスの新聞に暴露した、核技術者のモルデハイ・バヌヌのケースがある。バヌヌは、イギリスでモサド（イスラエル諜報特務庁）の女性工作員によるハニートラップに引っかかり、イタリアのローマで逢瀬するという女性の誘いに乗り、同地で拉致された。まさかその女性がモサドの工作員だったとは思いもよらなかったことだろう（モサドについては後に詳述）。結局、イスラエルに送られ、裁判の末に反逆罪で有罪となって独房に投獄された。

おそらく、いまだに判明していないだけで、日本でもイギリスでも数多くのハニートラップのケースがあると考えられる。事実、ライバル国のハニートラップに引っかかり、今もその国に好意的な発言を繰り返している日本人の要人も存在している。

ＭＩ６も、そうした色仕掛けの工作は行っている。

こんな話がある。中東の国々の多くは、石油からの利益で国が成り立っている。国民は石油のおかげで裕福な生活を享受してきた。

イギリスは、こうした国々を支配下におきながら、イギリスを拠点に商売をさせてきた。石油会社は、国外にオフィスを設置する際にはまずロンドンというケースが多かった。そんな事情もあって、中東の富豪たちは、レベルの高い教育を受けられるイギリスに子息や親族をこぞって留学させた。イギリスには、オックスフォード大学やケンブリッジ大学など世界に名だたる大学が存在し、その学歴に王族たちは魅力を感じていたからだ。それを承知のイギリス政府は、王族らの家族を両手を広げて受け入れることで、コネクションを強固にし、石油などの利権も維持しようとしてきた。イギリス政府は、国内でアラブの王族らに、特別待遇を与え、たとえば税金を優遇して家を自由に買わせることも許した。

「こんなケースがあった」と、元スパイは言う。

「サウジ王家の権力者の娘がイギリスに留学したとき、イギリス人イスラム教徒の彼氏ができた。その彼氏はＭＩ６から送られた諜報員だった。女性とその家族の情報を把握しておくためだ。別のケースでは、王族の子息が中国出身の女性とデートするようになったことがあり、ＭＩ６の工作によって別れさせられたケースもあった」

親友の非業の死

ここまで、ＭＩ６の実態を見てきたが、彼らの業務内容は人を相手にした諜報活動であり、いわゆる「ヒューミント」である。相手の弱みにつけ込んで協力を求めたり、感情を利用したり、欲求を満たすなどさまざまな心理戦を行っている。基本的に家族にすら嘘をつき通すなど、人を欺くことが活動の根幹にあるために、それに従事する同僚や、それを指揮する組織上層部も、どこまで信用できるのかと悩むことも少なくないという。どこにいても、常に人を疑い、裏切りは死につながる。

取材に応じた元スパイも最終的には、自らの感情をコントロールできなくなったためにスパイの仕事から足を洗ったという。

きっかけとなったのは、ＭＩ６が組織として見せた、ある意味当然な「冷酷さ」だった。

「私が非常に親しくしていた同僚の話だ。何年も一緒に組んで仕事することが多く、かなり親しくしていた。よく飲みに行ったり食事に行っていて、ベストフレンドと言ってもいい仲だった。でもある日突然、ＭＩ６から姿を消した。

夜から音信不通になり、彼を探したが見つからなかった。三ヵ月ほどして、彼が二重スパイだと嫌疑がかけられ、ＭＩ６から追放されたことを知った。自分の命を捧げてもいいと思っている組織が、友人を消してしまう。感情がかなり揺さぶられた。どんな諜報機関でも絶対に許されないことだ。でも、とにかく消えた。殺されたのか拘束されたのか。痕跡もなくいなくなった。それで何が起きたのかは察しがつく」

嘘や詐欺的な行為が日常の世界。今日は友人でも、翌日には姿を消し、そしてその後どうなったのかはまったくわからない。忽然と姿を消す。殺されることだってある。そんな環境に身を置き続けることは容易ではない。

退職後の待遇と誘惑

ただそんな組織であっても、忠誠を貫いていれば、組織を去ると決めたとしても、MI6は退職後も手厚く扱ってくれる。

「エージェンシー（MI6）を辞めてから、何年も『禁止令』が課された。つまり、MI6で働いていたことを絶対に他言してはいけないという命令だ。

CIAなら、辞めた翌日から民間企業で働くことができる。局に報告さえすれば自分が勤めていたことを公にもできるし、履歴書にも自信を持って書くことが可能だ。だがMI6ではそういうわけにはいかない。もちろん履歴書にも、諜報機関にいたことは書いてはいけないことになっている」

ただそうすると、職歴に空白期間ができてしまう。転職の際には、その部分を問われることになる。

「MI6では辞めた後の期間を『ATS』と呼んでいるが、ATSの間はMI6で働いていたことを、現役時代と同じく親族にも明らかにはできなかった。どれくらいの期間いたのか、どこの組織にいたのか、どんな仕事をしたのかも、だ。現役のころは、家族のあいだや外では政府の通信部門で働いているとか、観光省で働いていることになっていた。入管にいる、とかね。職員である証明書も手配され、携帯していた」

ＭＩ６のスパイたちは、表向きは外務省に勤務していると自称しているケースが多い。これはＣＩＡのスパイたちが国務省勤務と対外的には言うのと同じである。

元スパイは続ける。

「ＡＴＳの間は、実在する民間企業で働いていたという『経歴』を渡され、それを履歴書にも書けるよう手はずがついていた。だから再就職することができた。

だが同時に、手厚い特別手当も出ていた。非常にシンプルで、もし勤務していたときに年収が五〇万ポンドだったとしたら、その六〇パーセントを毎年、受け取ることができるというものだ。しかも、辞めてから何年にもわたって続く。

金銭面ではそれなりに手配はしてもらえる。辞めても、何かがあれば、エージェンシーは経済的には助けてくれる。これは公表されていないシステムだが、そういう取り決めがある」

というのも、そうしないとＭＩ６やイギリスという国にとっても、大きなリスクになりうるからだ。

他国の情報機関員が黙っていないためである。こんな話を聞いたことがある。そ

「ロシアなどは常にＭＩ６の諜報員の動きを調べている。すぐにロシアの

れなりの立場だった同僚がＭＩ６を辞めて旅行で南アジアの国に行ったら、すぐにロシアの

エージェントが接触してきて、八〇〇万ドルで協力者にならないかとオファーしてきたとい

う。要するに、内部の情報を売れ、または、内部のつながりのある人物をリクルートしろと

いうのだ。

結果的に、この人物は他国に移住し、そのオファーを受け入れたと聞いた。そういう決断

をした以上、ロシアの言うことに忠実に応じる必要がある。今穿いているパンツを脱いで直

ちに郵送しろ、と命令されたら、残念ながらそうしなければならない立場になってしまっ

た。そこから足を洗ったり逃げたりしたら、消されることになる。近年、イギリスで殺され

かけてニュースになっている元ロシア人スパイのように」

スパイを生業にしている者の中には、スパイという人種は、意外と扱いやすいという人も

いる。というのも、スパイをするような人種は、冒険欲や金銭欲が強く、理想主義的でもあ

るからだという。敵国の工作員も、そこを突きながら、退職者を協力者に仕立てようと虎視

眈々と狙っている。金に困った元スパイなら、生きるために間違った選択をしてしまうこともある。

実在する「Ｑ」

本書の冒頭では、ＭＩ６のヤンガー長官が母校で行った「実態を知ってもらいたい」というスピーチを紹介した。彼は大学からＭＩ６の「Ｃ（「Chief」のＣ）」であると紹介されていた。また公式サイトなどでも、常に「Ｃと呼ばれる」と紹介されているし、長官本人も「Ｃ」と自己紹介したりもする。さらに、Ｃは書類などにも緑色のインクで「Ｃ」とだけ署名をするという話が定説になっている。

これはそもそも、ＭＩ６の初代長官であるマンスフィールド・スミス・カミング海軍大佐が緑のインクを使ってカミング（Cumming）の「Ｃ」を署名したことに因んでいる。ちなみに映画「００７」シリーズでは、この「Ｃ」は「Ｍ」と呼称を変えられて登場する。

だが現実は違う。元スパイによれば、「内部では私たちが長官をＣと呼ぶことはない。ディレクターと呼んでいる。ＣやＭなんていうのは、映画の世界のものだ。一方、よく登場する『Ｑ』は実在する」という。

「Q」は、技術テクノロジー部門トップのことで、「007」にもよく登場する。このトップは、実際にQと呼ばれているという。

また「C」はファイブ・アイズの国々と密にやり取りをしていると語っていた。だがこれも、ここまで見てきたとおり、「仲良し」以上に「ライバル」関係にある。

こうみると、「実態を知ってもらいたい」といったヤンガーのスピーチは現実に即しているのかいないのか、微妙なところではある。

ただ「C」が公にスピーチをすること自体が、MI6の新時代を感じさせる。中国などが台頭する中で、「ライバル」である同盟関係の国々ともこれまで以上に密に協力する必要もあるのかもしれない。

世界には多くの諜報機関が存在する。ほぼすべての国が、国外の脅威から自国を守るために、諜報機関を保持している。アメリカにはCIAがあり、イスラエルにはモサド、ロシアには元KGB（ソ連国家保安委員会）から派生してできた諜報機関がいくつか存在し、世界で暗躍している。こうした機関は、世界情勢すら動かす影響力をもつ。

そんな中にあっても、ここまで見てきたMI6という組織は世界でも際立った存在であると言われている。世界最古にして少数精鋭であることに加え、コモンウェルス（イギリス連邦）を拠点にしながら、世界各地で活動を行っている。もちろん、そのインテリジェンスの質の高さにも定評がある。

ＭＩ６は同盟国の諜報機関であっても関係なく、現場ではライバルとして活動を行っており、そうした機関との関係性においても、私たちが想像している以上に複雑な「感情」があるようだ。

次章では、ＭＩ６の元スパイだけでなく、ＣＩＡやモサドなど諜報機関の関係者らへの取材から、それぞれのスパイ組織について見ていきたい。そうすることで、日本を「狙う」国際諜報網の恐ろしさの一端を知っていただければと思う。

第四章　ＣＩＡの力と脆さ

テクノロジー信仰

ある暑い日の夜、筆者は本書に登場するＭＩ６の元スパイと、あるレストランで食事をしながら雑談をしていた。元スパイの秘密を保持するため、その時期についての詳細だけでなく、このレストランが日本国内にあるのか国外にあるのかについても明らかにすることはできない。

その際に、筆者は元スパイにこう尋ねた。

「世界最強の諜報機関はどこだと思うか？」

実は以前、ＣＩＡの元幹部に同じ質問をしたことがある。ＣＩＡでも知らぬものがいないくらいの伝説的な存在のこの人物は、その現役時代の辣腕ぶりが今も語り継がれるほどの元スパイだ。ほかの元ＣＩＡのエージェントと情報交換をしていても、彼が一目置かれていることがよくわかった。

ある意味で不躾（ぶしつけ）な筆者の質問に、このＣＩＡ元幹部は表情を変えることなく「最強なのは、間違いなくＣＩＡだ」と答えた。もちろんそう言うであろうとは予測していたが、躊躇も謙遜もなくズバリ答えるその姿からは、揺るぎない組織への忠誠心と自信が感じられた。

ＭＩ６の元スパイも、「ＣＩＡはたしかに世界トップと言っていいスパイ機関だ」と答えた。映画などポップカルチャーでもジェームズ・ボンドよりも派手な「ＣＩＡスパイ」のキャラクターが次々と登場することから、ＰＲの面でもＭＩ６の最大のライバルであると言ってもいいだろう。

そんなＣＩＡとは、いったいどんなスパイ組織なのだろうか。

ＣＩＡ元幹部は言う。

「ＣＩＡはテクノロジーへの依存度が高い。ＭＩ６はどちらかといえば人の感覚などが重要視される組織だ。人の判断が優先され、テクノロジーはそれについてくるという感じだ。人がテクノロジーを使う。テクノロジーが先に立つことはないし、テクノロジーが物事を決めることはない。

ただ、最近の諜報活動の現場では、テクノロジーが不可欠になっているのは紛れもない事実だ。人々はスマホやパソコンでやりとりし、情報はそこにますます集約されている。世界中がネットワークでつながってデジタル化することで、インテリジェンス活動も様相を変えている。アメリカは数多くの衛星なども駆使して活動する。ＭＩ６はその部分でＧＣＨＱ

（政府通信本部）とも協力はするが、やはり人が人を追って、人に工作を行う、ヒューミントが優先されている」

ＭＩ６には、すでに述べたとおり、ゼロトラストという考え方がある。ＣＩＡのような諜報機関では、テクノロジーなどを信用しがちだが、ＭＩ６はまずそれを疑ってかかり、人が調べてみるという感覚で活動を行っている。小さな情報を集めて、全体図を作り出すのだ。ターゲットそのものや背景を把握し、丸裸にするのを非常に得意としており、徹底した情報収集をしてから、工作を行っているという。

ＣＩＡ元幹部は言う。

「世界的に見ると、テクニック面ではＣＩＡだけでなくＭＩ６も優れていると言える。テクノロジーと活動のインフラに関して、世界をリードしていると思う。以前はＣＩＡの独壇場というイメージだったが、もはやそうでもない」

当事者としてのスパイ同士による諜報機関の評価は興味深く、なかなかこうした話を聞く機会はないだろう。

真珠湾攻撃の屈辱

ＣＩＡが設立されたのは、第二次大戦後の一九四七年のこと。それまでは、戦時中の一九四二年に組織されていた、前身となるＯＳＳ（戦略諜報局）が情報活動を担っていた。

ＯＳＳの将校らは当時、ＭＩ６を研修に訪れていた。ＭＩ６のベテランスパイたちは、アメリカから来た素人同然のスパイたちに、諜報活動のテクニックや技法、敵国の機関への潜入方法、スパイの運用方法などまで細かく指導を行った。要は、アメリカの諜報機関の設立にＭＩ６も協力していたのである。

二〇一四年にアメリカで機密解除された内部文書を見ると、大戦の直接的な原因の一つとなった真珠湾攻撃について、「インテリジェンスの収集、分析、通知における永続的な問題」があったからだと分析されている。つまり、「アメリカのインテリジェンス活動が初期の段階では未熟だった」からだと文書は言及し、それがＯＳＳの活動をさらに組織化されたものにし、莫大な予算を与えて諜報活動に従事させるＣＩＡの設立につながっていったというのだ。

その後、社会主義陣営との冷戦に突入していく中で、ＣＩＡのスパイ工作は本格的なものへと発展していく。

筆者の取材に応じた前出のＣＩＡ元幹部は、冷戦期の真っ只中にＣＩＡに入局した元スパイだ。彼はその後、ソ連を担当し、一九八九年にベルリンの壁が崩壊して冷戦が終結した後も、ウラジーミル・プーチン大統領が率いるロシアと対峙してきた。

そのＣＩＡ元幹部は、筆者の取材にこう語っている。

「当時、ソビエトはアメリカ以外でもっともプロフェッショナルな諜報機関をもち、対峙するのが非常に困難な相手だった。長年、民主主義陣営に対する諜報活動を行ってきた歴史もある」

ＣＩＡとＭＩ６では、まず用語からして異なる。ＭＩ６では、少数精鋭のマネジメント担当者たちはエージェントと呼ばれているが、ＣＩＡでは、エージェントは現場での情報提供者を指す。ＣＩＡ元幹部は説明する。

「私のような諜報員（インテリジェンス・オフィサー）の仕事は、エージェント（スパイ）を探して雇い、エージェントを動かして情報を集めるなどの工作をさせることだ」

ＣＩＡの諜報員の任務は、リポートや書類の作成といった作業がかなりの時間を占める。この点はＭＩ６のエージェントも同じである。

年間八〇〇億ドルを費やす

ＣＩＡの本部は、ワシントンＤＣから一五キロほど北西に位置するバージニア州のラングレーというエリアにある。映画などでも、ＣＩＡ本部のことは「ラングレー」と呼ばれることもあるので、聞き覚えがある読者もいることだろう。政府中枢の機関が集中するＤＣに近いことで、政府からの要請によって彼らの情報が政策立案に活用されていく。

大統領は頻繁にＣＩＡから「インテリジェンス・ブリーフィング（情報活動の説明）」を受ける。ドナルド・トランプ大統領は、これまでの大統領以上に、スパイ機関の情報を軽視していると指摘されているが、それでも前任者たちと同程度、月に数回はブリーフィングを受けている。

以前筆者が取材をしたホワイトハウスの元政策スタッフによれば、ホワイトハウスの担当職員は毎日いくつかの大統領用のプレジデンシャル・サマリー（報告書）を用意するという。さらにインテリジェンス情報や米軍の状況報告書、ＡＰ通信の記事をまとめるなどして安全保障担当補佐官ら幹部のために資料が作られる。

「朝の五時に目を覚ました大統領が新聞・テレビで流れる重要な情報を知らされていないと

いうことがないように、と意識しながら情報をまとめている」と、この元スタッフは話していた。

アメリカには、CIAをはじめ一七のインテリジェンス機関が存在する。これらの機関が少なくとも年間八〇〇億ドルの予算で、国内外で情報活動を行い、大統領などの政策決定に判断材料を提供する。

これほどの予算をかけて、国民の生命財産を守るために情報工作を行っているのである。ただ、トランプ大統領は、こうした「紙」のブリーフィング資料には目を通さないという。

CIAと一口に言っても、局内にはさまざまな仕事がある。CIAに勤務しているからといって、みんながスパイというわけではないし、機密情報を扱っているというわけでもない。

現在、CIAは大きく分けて五つの部門に分かれている。作戦本部（DO）、分析本部（DA）、科学技術本部（DS&T）、デジタル革新本部（DDI）、支援本部（DS）だ。

諜報や工作活動に従事する、スパイと呼ばれる人たちが所属するのは、作戦本部だ。作戦本部の活動で世界各地から集められる情報は、分析本部でブラッシュアップされる。科学技術本部というのは、技術的な情報収集の研究・開発を行う部署であり、デジタル革新本部は、現在の諜報活動などに欠かすことのできなくなったサイバー空間やＩＴ分野での作戦に従事する。支援本部が、ロジスティックスなど支援活動を行う。

よく映画などに登場するケース・オフィサーというのは、現地のエージェントと呼ばれる情報提供者や協力者から情報を集めたり、工作を仕掛けたりするスパイ活動を行う諜報員のことを指す。

隠された予算と巨大利権

ＣＩＡの予算額や職員の数は、機密事項として公開されてはいない。ただ、元ＣＩＡの職員だった内部告発者のスノーデンは、二〇一三年当時のＣＩＡの予算を機密文書から明らかにしている。それによれば、年間の予算は約一五〇億ドルで、職員数は約二万一五〇〇人だ。

ちなみにＭＩ６の元スパイによれば、「私たちはＣＩＡがどのように動いているのかを監視してきた。だからこそ言えるのだが、ＣＩＡには表に出ていない予算がある」と指摘している。

そもそも、一九四七年に当時のハリー・Ｓ・トルーマン大統領が制定した国家安全保障法によって、CIAは基本的に活動のために使途を問われない予算を与えられ、アメリカ政府の通常の手続きを経ずに工作活動をすることが可能になっている。

あるアメリカ国務省の関係者に話を聞くと、「CIAには秘密の資金のようなものがあり、関係者はあまり予算の心配はしていない」と言う。

CIAが民間企業からも資金を得ているとの情報もある。それを証明するのは難しいし、CIAの中でも機密度の高い工作活動として、深く調べるのは危険でもある。

ひとつだけたしかなことは、ある国際機関に所属する人物が筆者に、「CIAなどはアメリカ民間企業とも密に動くことがあり、そこからビジネスが広がっている。たとえば、安全保障などで危機を煽って、そこにアメリカ企業をねじ込むといった具合だ」と指摘していることだ。

別の元CIA諜報員も筆者に、「予算はあまり気にすることがなく、活動資金についてはそれほどストレスを感じたことはない」と語っている。CIAの活動の幅は諜報活動から政界工作、ビジネスまで広がっているために、表に出ないカネも不可欠ということだろう。

二〇一九年一〇月、イスラム過激派組織IS（いわゆる「イスラム国」）の最高指導者であるアブバクル・バグダディが、アメリカ特殊部隊のデルタフォースによって殺害された。

このニュースは世界的にも大きく報じられたが、それを国民に向けて発表したトランプ大統領はこんな発言をした。

「われわれは米軍部隊を少し残して完全には撤退させない……石油を安全に確保するためだ……私が考えているのは、おそらく、エクソンモービルか、偉大なアメリカ企業のどれかと契約して現地で適切に安全を守ることだ」

イラク戦争当時も石油利権が背景にあると「陰謀論」のように語られたが、それが戦争に突入する動機のひとつだったことはいまさら言うまでもない。そして今回のシリアなどでの紛争でも、やはり石油利権が関与している。それを大統領自身が全世界が注目するバグダディ殺害を発表する会見で悪びれることなく認めた。これを表立って言ってしまっては関係国から批判を浴びかねないが、トランプはそれをやってしまったのである。ＣＩＡなど、水面下で動いている現地の人たちが頭を抱えたのは容易に想像がつく。

ＭＩ６の元スパイはこの会見を受けて、こんなことを言った。

「そもそもＣＩＡはすべて、カネ儲けが動機になっているというのが元同僚たちとの共通認識だ。正直言うと、ＣＩＡがくれる情報はすべてアメリカによるいかがわしいビジネスにつながっているとすら考えていたくらいだ」

国民の監視が暴走を防ぐ

そんなＣＩＡのスパイ活動は完全に機密である。職員らはほとんどが国務省の勤務であると語り、国外では外交官を装ったり、民間企業に紛れ込んでいるケースもある。

ＣＩＡ元幹部は、諜報機関の仕事とは如何なるものかについても語ってくれた。

「一度この世界に入ったら、けっして後戻りはできない極秘の世界であり、非常に閉鎖された世界だ。そして、一度足を踏み入れたら、まったく違う視点で世界を見ることになる。大事なことは、自国を守り、同盟国を助け、自国民を守る手助けをするためのインテリジェンスを収集することだ」と語る。

ただ諜報機関は、国のためという使命を背負いながらも、国が定める規制やルールの中でしか活動は許されないし、国民の人権も尊重しなければいけない。なんだって好き勝手にできるものではない。

「秘密と民主主義というのは、うまく解け合わないものだ。共存しないし、してはならない。そこには緊張関係が必要で、それも民主主義システムの一端だと言える。私たちは、秘密があって当然だと主張するロシアや中国とは違う。民主主義では、もちろん諜報機関が何をしているのかは問われるべきで、国民はそれを気にすべきだし、なんでも秘密にやっていいと言うべきではない。アメリカ人は諜報機関に対して健全な不快感を持っているし、持つべきだ」

ＣＩＡのようなスパイ機関は、情報を集め工作を実施するのが任務である。それゆえに、その能力は諸刃の剣でもあり、自国内で「暴走」しかねない。民主主義システムは、その暴走を止める役割を担っているとする。

さらにこの元幹部はこう続ける。

「ミスは命に関わる。インテリジェンスのユニークなところは、付き合う人たち（協力者など）に頼っており、彼らを守らなければいけないことだ。これは、倫理観のある諜報員にとってかなり大きな責任となる。私が見てきたスパイたちは常に人を守ろうとしてきた。妻以外の人で、スパイと協力者の絆ほど強いものはない。最前線においては、非常に人間的な仕事なのだ」

ＭＩ６と同じように、スパイの世界では信頼関係が重要だということだ。さらにこの元幹部はこう付け加えた。

「スパイの仕事は非常に難しい。諜報機関の任務は、いわゆる対価を求めた仕事ではない。

業務ではない。どうしても担いたい、という強い衝動で働くものだ」

筆者が会ってきた元スパイたちは、自分たちがやってきたことをいわゆる「仕事」だからやっているという人はまずいなかった。上司から抑えつけられるなどプレッシャーを受けながらやるような仕事ではない。嫌々やるにはリスクは大きいし、失うものも多い。自分の人生はなくなり、家族や親しい友人にも自分の仕事について騙し続ける必要がある。そんなことから、スパイという仕事をあっさり辞めてしまうケースも多い。

本当の敵は内部監査という矛盾

すでに述べたとおり、ＣＩＡではＭＩ６の幹部などとは違い、家庭も持てる。ＣＩＡの元幹部は、どうスパイの生活と家庭とを両立させていたのか。細かい話は機密事項で明らかにできないと前置きをしつつ、元幹部はこんな自説を披露してくれた。

「まあそもそも、仕事は職場に置いてくるものでしょう？　家に帰れば、家での生活。スパイの世界はそういう文化。秘密の世界にいて、国外で厳しく敵対しているどこかの国に暮らせば、けっして口に出して話すことができないことがあるし、常に監視されている状況で日々を過ごさなければならない。かなりのストレスではある。ＣＩＡ局員であっても、他の人たちと同じように生活し、まあ、時には偽名を使うが、本名の時もある。要するに、本当にふつうとは違う世界。私にしてみれば、そんな秘密の世界でも、アメリカの民主主義を守るため、アメリカの安全を守るための任務に従事できるのは特権だと考えていた」

さらにこう続ける。

「閉鎖された秘密主義の世界での活動とはいえ、欧米の情報機関では、すべてはルールと規制によって管理されている」

別のＣＩＡ元高官は、仕事でもっとも大変だったことは何かとの筆者の質問に、こう答えている。

「私にとっては敵との戦いではなかったですね。それよりも、内部監査とのやりとりが大変でした。いつも監査部とはやりあっていたのでね。彼らはいろいろと守るべきチェック項目などをこちらに求めてくる。でも、そういうものはほとんど現実的な要求ではなく、現場をあまりにも知らない人の戯言に付き合っている感じだったのです。そうはいっても、役職が上がると、上司をハッピーにもしなければいけない。彼らの目的は私たちとは違った。プライオリティも。そこが大変でした」

ならば、同じ価値観を共有するはずのＣＩＡとＭＩ６の関係はどうだったのか。

アメリカとイギリスは、第二次大戦のころから続く通信などのインテリジェンスを共有する合意が元になった「UKUSA協定」を結んでいる。この協定は、いわゆる「ファイブ・アイズ」という情報関係の同盟で、アメリカやイギリス、カナダ、オーストラリア、ニュージーランドと、英語を母国語とする国々に協力関係は限定されている。

CIAやMI6もこうした情報共有関係の中で、昔から協力関係にあった。本書の冒頭でも、MI6のヤンガー長官が、「われわれは、アメリカ、カナダ、ニュージーランド、オーストラリアという『ファイブ・アイズ』の同盟を含む海外における無比の協力関係を生かしている」と、大学でのスピーチで語った件についてはすでに言及している。

さらに、戦後の同盟関係から、イギリスの情報機関でもっとも重要な職務はMI6のワシントン支局長というポジションだった。将来的にMI6を背負っていくようなエース級の人物が就くポストである。

とにかく、歴史的にもイギリスとアメリカの関係は強固で、情報共有なども密に行われている――。それが一般的な見方であろう。日本の情報当局でもそう見ている担当者は多いと思われる。

虚々実々の駆け引き

ＭＩ６の元スパイに言わせれば、現実的には、関係性はそんなにシンプルなものではないという。

「表向き、メディアなどでは、アメリカとイギリスはいい関係で、ファイブ・アイズで情報をいつも交換していて仲がいい、と言われている。だが実態を明かせば、それは完全に嘘だ。諜報機関にはルールがある。非常にシンプルなルールだ。他のインテリジェンス機関と情報交換をする際、与える情報は、自分たちに絶対に影響を与えないものに限定され、非常にセンシティブな重要な機密情報は同盟国だろうが決して教えることはないし、共有することもない。とくに個人が行う諜報活動のヒューミントでは情報は出さない」

さらにこう付け加える。

「すでに言ったとおり、私たちは常に、他の諜報機関とも、インテリジェンス活動で優劣を競っている。ある情報を、誰が、他の誰よりも先に手に入れるか、日夜争っている。今でこそ、シリアやイラクといった中東では、多くの諜報機関が入り乱れており、協力関係も以前より増えている。だが私がいた少し前には、それはまったくなかった。明確な脅威がアメリカに迫っているという場合には情報を伝えるが、それ以外には共有はしないものだ。

アメリカからイギリスに入国する疑わしい人がいたり、テロリストが入国しそうといった情報は、その人物のプロファイルをシェアはする。昔はドラッグや人身売買などの犯罪歴の情報交換が多かった。また以前には、局長のデスクに、MI5やCIA、そのほかの欧州の諜報機関の局長に直接つながる電話が置かれ、イスラエルの諜報機関モサドにもボタンひとつで連絡が取れる機器が置かれていた。

それでも基本的にCIAなどにこちらの大事な機密情報を与えることはなかった。CIAももちろん、私たちに対して同じことをしている。情報は共有しない」

MI6の痛恨事

歴史的にもMI6からすれば、アメリカの興隆には複雑な思いがあったという。もともと、戦後イギリスとアメリカの諜報機関は、MI6のワシントン支局長などを介して、イギリス首相とアメリカ大統領の間で行われる「内密なやりとり」といった最高機密情報の伝達係を担っていた。すでに述べたとおり、諜報活動が何たるかをMI6がCIAに教え込んだ時代はもう過去のものとなりつつあり、冷戦期になるとその力関係は逆転する。

しかも、である。前出のキム・フィルビーは、一九四九年から数年、ワシントン支局長のポジションにあった。当然、その当時も、フィルビーはソ連側のスパイを続けていた。

フィルビーの評伝『キム・フィルビー　かくも親密な裏切り』（前掲書）には、冷戦期のイギリスとアメリカの諜報機関の関係性について、こんな指摘がある。

キム・フィルビー（CAMERA PRESS／アフロ）

ＭＩ６のベテランたちは、帝国が急速に衰退している証拠が次々と現れているにもかかわらず、情報活動の世界ではまだイギリスのほうが達人であることを証明しようと躍起になっていた。

そこでイギリスが送り込んだのが、ＭＩ６のエースで「目もくらむばかりの功績を上げて勲章ももらった情報活動の英雄」のフィルビーというわけだが、その彼がソ連の二重スパイだったのである。アメリカ側のＭＩ６に対する不信感が高まったのは当然だ。ＭＩ６が自信を持って送り込んでくるトップクラスのスパイがソ連のスパイだった事実は、とても笑えるものではない。

ＭＩ６の元スパイが振り返る。

「もはやＣＩＡにかなわないのは歴然としていた。歴史的にも、アメリカの台頭を苦々しく思ってきたのがＭＩ６なのだ」

ちなみに『キム・フィルビー』には、ＭＩ６を皮肉たっぷりに評した、こんな一文もある。

（前略）ごく少数の選ばれた者しか本当に信用できないとする、いかにもイギリスらしい考えを学んだ。

最近は以前ほどの距離はないとも囁かれるが、これこそがファイブ・アイズの軸となる二大国の歴史的因縁であり、真の関係性なのである。

アメリカとイギリスの間ですら、こうした微妙な関係性が横たわる世界のインテリジェンス・コミュニティの中で、日本がどんな位置付けにあるのか。

「ギブ・アンド・テイク」が常識であるインテリジェンスの世界で、日本のようにこちらから提供できる情報が少ない国には、国外の諜報機関からはいったいどんな有益な情報が提供されるのか、はなはだ疑問ではある。

第五章　暗躍する恐るべき国際スパイ――モサドそして中露へ

強くなる以外選択肢がなかった

筆者から「最強のスパイ組織はどこか」と聞かれて「ＣＩＡだ」と答えたＭＩ６の元スパイは、騒がしいレストランでワインを手に、こう続けた。

「モサドもテクノロジーを駆使しながらスパイ工作を行うのが得意で、世界でもトップクラスの諜報機関だ」

イスラエル諜報特務庁、通称モサド。モサドとは、ヘブライ語で「インテリジェンスと特殊工作の機関」という名称を略したものである。

モサドが担当するのは、主に国外の諜報活動だ。超法規的な組織であり、七〇〇〇人ほどの職員を抱え、世界でもＣＩＡに次ぐ規模のインテリジェンス機関だといえよう。

国内の公安は「シャバク」と呼ばれるシンベト（イスラエル総保安庁）が担当し、軍の情報機関アマン（イスラエル参謀本部諜報局）もある。またアメリカのＮＳＡ（国家安全保障局）やイギリスのＧＣＨＱ（政府通信本部）と同じく、通信傍受やハッキング（サイバー攻撃）などを担うのはイスラエル軍の８２００部隊である。ＮＳＡやＧＣＨＱにも引けを取らない世界有数のハッキング集団だ。

筆者は二〇一九年に、モサドで二〇一一年から二〇一六年まで長官を務めた、タミル・パルドに取材することが許された。三五年にわたってモサドで働いたパルドは、その正体を知り尽くした人物だと言っていい。イスラエル諜報史の大部分を、組織内部から目の当たりにし、第一一代の長官にまで上り詰めたパルドには、モサドのＤＮＡが体に深く染み付いている。非常に穏やかな印象のパルドは、自信に満ち溢れた人物でもある。

モサドは「最恐」とも称される、工作活動も活発に行うスパイ組織だ。モサドがこれまで行ってきたオペレーションは、幾多の書籍や記事で描かれ、ドキュメンタリーなどの映像作品も数多く制作されてきた。暗殺、破壊、ハニートラップ——。どんな手段を使ってでも、諜報活動やスパイ工作を実施する容赦のない組織として、モサドはその名を知らしめている。ＭＩ６の元スパイは、「モサドは、軍事的なインテリジェンスが得意だ。現場からのインテリジェンスを入手するのが非常にうまい。現場に強い。ベストな諜報組織のひとつと認めていいだろう」と述べる。

そもそも、なぜモサドは「最恐」「凄腕」とまで恐れられるような組織になったのか。その点をパルド前長官にぶつけてみた。

彼は一瞬笑って、こう答えた。

「強くなる以外、私たちには選択肢がなかった。それに尽きる。壁際に追い詰められ、何らかの対処をしなければならない。そういう状況下では、クリエイティブになって、解決策を見つける必要がある」

モサドという組織は、わかりやすいほどに目的がはっきりしており、自国の利害のために妥協なく活動してきたスパイ集団だと言える。

アイヒマン追跡

イスラエルという国はまだ若いが、その成り立ちを少し振り返りたい。

一九四七年、国際連合はイギリスの委任統治を終わらせ、アラブ人とユダヤ人の国家を創出する分割決議案を採択した。これにともない、翌一九四八年にユダヤ人国家のイスラエルが誕生することになった。

周辺を対立するアラブ諸国に囲まれたイスラエルは、常に敵からの攻撃に晒されてきた。ところが、すぐにユダヤ人のインテリジェンスを集める地下集団が自然発生的に活動するようになり、アラブ人との対立に絡む情報収集や工作を実施した。一九四九年には外務省のアドバイザーを務めていたルーヴェン・シロアッフの提案を受けて、イスラエルの初代首相であるダヴィド・ベングリオンが承認することで、正式にモサドが発足。それ以降、中東という枠を超えて、世界中で活動を続けている。

モサドの活動については、公式ホームページに説明があるので紹介したい。

設立から、モサドは国の求めによってインテリジェンスの収集に関与している。国の要求は、折に触れて、ＥＥＩ（優先的な情報要求）の中で調査されたり、まとめられたりする。インテリジェンス活動は、ヒューミント（人を使った情報収集）やシギント（通信や電波などを使った情報収集）といったさまざまな手段で実施される。日常の業務は、次の理解できる理由によって公には明らかにされない。

過去長年にわたり今日まで、モサドは他の国々の諜報機関とインテリジェンスの協力関係を発展させ、維持してきた。これはインテリジェンスの世界で受け入れられてきたことである。モサドはまた、表立ってはイスラエルと付き合いを避けているような国々と水面下の関係を構築する活動にも関与している。こうした関係の中には、エジプトやヨルダンとの平和合意を進めるための密かな交渉において、モサドが国家のリーダーを支援したことなど、表立って知られているものもある。

モサドは、イスラエル国家のために特別なオペレーションや活動に関与してきている。たとえば、ナチス・ドイツの犯罪者を追跡しているが、最たるものは一九六〇年に戦犯アドルフ・アイヒマンを拘束し、イスラエルで裁判にかけたことだった。

アイヒマンは、元ナチ親衛隊中佐で、ユダヤ人虐殺（ホロコースト）の責任者のひとりとして強制収容システムやガス室に関与した。殺害されたユダヤ人の数は六〇〇万人とも言われる。第二次大戦が終結すると米軍に逮捕されるも、逃亡し、一〇年以上潜伏生活を送った人物だ。モサドは、その行方を追い、アルゼンチンでアイヒマンを発見する。

その追跡劇の一部始終を再現している『モサド・ファイル　イスラエル最強スパイ列伝』（早川書房）には、こう記録されている。

中庭に、痩せて、中背で、禿げかかった頭、薄い唇、大きな鼻、口髭を生やした男がいた。眼鏡をかけている。それらの特徴は人相書と一致した。

アイヒマンだ。

イスラエルでは、ハルエル（筆者註：当時のモサド長官）がベングリオン首相邸へ車を走らせた。「アルゼンチンでアイヒマンを見つけました。やつを捕まえて、イスラエルへ連れてこられると思います」

ベングリオンは即答した。「死んでいてもいいから彼を連れてこい」一瞬考えたのち、こう付け加えた。「生きたまま連れてきたほうがいいだろう。わが国の若者にとって、たいへん重要な意味を持つはずだ」

（中略、アルゼンチンでモサドがアイヒマンと初めて対峙する）

「氏名は？」

「アドルフ・アイヒマン」

まわりがしんと静まり返った。彼は静寂を破った。「私はアドルフ・アイヒマンだ」彼は繰り返し言った。「イスラエル人に捕えられたのはわかっている。ヘブライ語も少し知っているぞ。ワルシャワのラビ（筆者註：ヘブライ語で師）に習ったんだ……」

彼は、覚えていた聖書の一節を、正確な発音を心がけて暗誦しはじめた。

ほかにはだれも口をきこうとしない。

イスラエル人たちは、感覚が麻痺したように彼を見つめていた。

アイヒマンはイスラエルに生きたまま連れて行かれ、イスラエル国民の前で裁判にかけられた。その結果、絞首刑となった。モサドを語る上で常に取り上げられる歴史的な出来事である。ベングリオンが言ったように、若者だけでなく、若いイスラエルという国にとっても重要な事件であった。

影響力を強めるモサド

モサドの公式サイトの説明は、こう続く。

もともと、モサドは、海外のユダヤ人やイスラエルに関連するものを標的としているテロとの戦いで重要な役割を担ってきて、現在も重責を果たしている。長年にわたり、モサドはイスラエルに対して脅威となる国が、新たな兵器を手にすることがないよう阻止するのにも重要な任務を行ってきた。

そして、モサドにはモットーとしている聖書の一節がある。

「賢明な方向性がないなら、人は倒れる。だが助言者たちがいれば、そこには安全がある」

国家としてどのように国民を導くのか、また、どのように国民の生命と財産を守るのか。政策を立案したり、国家の方向性を決定するには、物事の本質を知るためのインテリジェンスが欠かせないのである。それが世界の常識である。

設立を承認したベングリオンが「私の指示により、国家の情報機関（軍の情報部門、外務省、そしてシンベトなど）を調整する機関を設置する。外務省の特別プロジェクトアドバイザーであるルーヴェン・シロアッフに、その機関のトップを務めるよう委ねた。シロアッフは私に報告をし、私の指示で動き、任務の報告を定期的に私に提出する。事務的な目的で、彼のオフィスは外務省の中に含まれる」と書き記したメモが残っている。

モサドは首相の指揮下に置かれている。一方でイスラエルでは、モサドの影響力の強さが問題ではないかとの論調も出はじめている。というのも、現在のヨシー・コーヘン長官が、モサドを政府の「外交部門」のような扱いにしていると批判されているのである。二〇一九年に行われた、イスラエル中部ヘルツリーヤでの会議で講演したコーヘンは、「モサドは、中東地域での影響力を最大化するため、平和に向けた機会を見つける役割がある」と述べている。

さらにこの時、「オマーンに外務省の支部を作る」と語ったのだが、この発言は驚きをもって受け取られた。なぜならオマーンの計画は、コーヘンの発言までイスラエル外務省では誰も知らされていなかったからだ。

この講演は、「イスラエルの外交をモサドが引っ張ろうとしている」と物議を醸している。そもそもイスラエルでは複雑な外交交渉などではモサドが関与すると言われてはいたが、最近では、モサドと外務省が、対外的なイスラエルの政策をどちらが主導するのか、主導権争いをしているのである。イスラエル外務省に務める知人にモサドについて聞いたことがあるが、非常に口が重かったのも納得である。

モサドが近年、影響力をさらに高めているのは間違いない。それは予算からもわかる。二〇一八年にモサドとシンベトの予算は二七〇〇億円近かったが、二〇一九年には三〇〇〇億円を超えている。使える予算も増えており、それだけオペレーションの規模も範囲も広がっていることを表している。

徴兵制とリクルート

モサドにはどんな凄腕のスパイがいるのかについて、詳細がもちろん表に出てくることはない。

イスラエルでスパイの人材について語る際には、忘れてはならない制度がある。徴兵制である。

以前、イスラエルの情報政策を先導してきた「サイバーセキュリティの父」と呼ばれるアイザック・ベンイスラエル少将に取材した際に、彼はこんな話をしてくれた。

「端的に言うと、イスラエルが成功した秘訣は『大規模な戦略』である。その戦略はイスラエルの置かれている過酷な地政学的環境から生まれたものであり、その戦略で大事な要素は、質で優位に立つことと、大規模な研究開発の取り組み。そして実は、もうひとつ大事なことがある」

そしてこう続けた。

「それは、イスラエル軍の徴兵制度だ。意外だろうが、それこそがイスラエルで個人の革新を可能にしているのである」

イスラエルでは男性は三年、女性は二年、イスラエル軍で兵役につく義務がある。その制度によって、世界中の若者がパーティなど青春を謳歌しているころに、イスラエルの若者は、国を守る意識を徹底的に叩き込まれる。周辺国との戦いの前線に送られ、死と向き合いながら国を背負う。彼ら自身が、脅威に囲まれた国のために働かなければ、国は存続し得ない――。そう学ぶのである。

イスラエルにおける徴兵制の役割は、それだけに止まらない。若者の中から、優秀な人材を見つけ出し、育成するのに重要な役割を担っているのである。さまざまな分野で人材の確保に大きな役割を果たしており、インテリジェンス分野も然り、である。

イスラエル軍の人事部門は、すべての若者を入隊前にスクリーニングして、チェックする。その際に、秀でた才能のある人材は青田買いをして、軍が学費を負担して専門的な分野で学ばせる。徴兵の時期を変更するようなケースもある。

そんなかたちで毎年一〇〇〇人ほどの高校生が選抜されて、軍に入る前に軍の意向で大学などに送られている。こうした選ばれし学生は大学を卒業してから入隊し、有給の職務経験を軍で積ませるなどして、能力をさらに磨く。三年から五年ほどで除隊すると、これらの人材は立派な即戦力になっているのである。これこそが、世界的に見ても、イスラエルがエンジニアなど、先端情報における人材の宝庫と称される所以である。

徹底した秘密主義

そうした軍部による人材育成とは別でも、リクルートは行っているらしい。最近、他の諜報機関と同様に、モサドが公式サイトやフェイスブックで職員の募集をしているとメディアが取り上げている。実際には、モサドのスパイになるにはかなり複雑で時間のかかるカリキュラムを通過しなければいけないのだが。

ナチ親衛隊だったアイヒマンを誘拐する作戦に従事した元モサドスパイは、自分がどうモサドに入ったのかについてメディアに明かしている。

一九五〇年代のことだ。後に上司となるモサド幹部とカフェで話をしている際に、この幹部は向かいにあった建物の三階部分を指さしてこう告げたという。

「あそこに行けるかね」

元モサドスパイは「ノープロブレム」と言って、席を立ち、排水管をつたって三階の住居のバルコニーに上がり、そこからカフェに向かって手を振った。それで組織に加わることになったと述懐している。

この手の試験は最近まで行われていたようで、少し前に筆者が、イスラエルでモサドの試験を受けたことがあるという人物から、似たような「テスト」があると耳にした。

「試験の日に突然外に連れ出され、住居が入った建物の前に連れて行かれた。リクルート担当者は外から建物を見上げ、上の階のベランダに所定の時間内に出てくるよう指示した。もちろん誰もその部屋の住民を知らないし、モサドの採用試験だなんて言ってはいけない。当然だがアポなしだ。すぐに部屋を訪ねて、うまく説得して、住民とともにベランダに出ることができた」

しかも晴れてスパイになれたとしても、かなり奇妙なポジションに置かれることになる。イスラエル軍からモサドにリクルートされたある人物は、採用後の状況をこんなふうに話している。

一八ヵ月にわたり、セーフハウス（アジト）に隔離され、一対一で訓練を受ける。その間、テルアビブの北部にあるモサド本部を訪れることは一度もない。また、モサドで働いている人たちの素性を知ることもけっしてない。その訓練を耐えて、晴れて現場に出られるようになるのだが、何年にもわたって別人の名前や肩書で暮らす。スパイである間は何人もの「別人」になりすまして生活し、ターゲットに国外で母国を裏切らせて、モサドの情報源や協力者になるよう仕立てていく。

ＭＩ６も同僚らとのつながりは深いとされるが、モサドのスパイたちは一度組織の中に入ると絆が非常に深くなり、組織内におけるスパイの管理や監視なども徹底していると、世界の情報機関関係者は口を揃える。

元ＭＩ６スパイもこう証言する。
「モサドを裏切って二重スパイになるという話はあまり聞かない。ＭＩ６やＣＩＡなどではそういう事件もあるのだが、モサドのエージェントは忠誠心が強いということだろう」

他者の評価は気にしない

当然ながら、他の機関と同様に、スパイであることはモサドの職員も他言できない。ただ少し前から、モサドＯＢは、自分が元スパイだったことを話しても許されるようになってきているようだ。現役のスパイたちは素性を隠しながら生活し、身元を明かす必要に迫られれば首相官邸で勤めているということにしていた。そもそも、メディアなどで話をする際にも、元モサドはコメントの内容をモサドに伝える必要があった。ただ近年は、対外的に「怖い」イメージがつきすぎていることもあって、イメージの刷新のためにＰＲにも力を入れるようシフトしている。そんな背景から、メディアなどで元モサドなどのコメントもよく見かけるようになっている。

ところが、パルド前長官はモサドが対外的にどう見られているかには興味がないようだった。「われわれが凄腕かどうか、自分たちで評価することはしたくない」と述べていたが、その裏にある揺るぎない自信は次の言葉からも感じ取れた。

「私たちは、有能な人間の集まりであり、私たちの機関も、有能な機関なのだ。しかしながら他の機関を評価することもしないし、他の人たちから評価されたくもない。ただし、モサドが優れているのは間違いない」

そんなモサドには、欧米の諜報機関も一目置いている。

ＣＩＡとは、一九四七年から関係を維持してきた。一九五六年には、ＣＩＡもＭＩ６も入手できなかった、ロシアのフルシチョフ党第一書記がヨシフ・スターリンを酷評した演説の内容を入手してＣＩＡに提供。これをきっかけに、ＣＩＡはモサドを評価するようになった。つまり、ＣＩＡに情報を「ギブ」することで信頼を得て、ＣＩＡなどから情報を「テイク」することができるようになった。すでに述べたとおり、諜報の世界では、各国の諜報機関同士の関係においては、ギブ・アンド・テイクが鉄則である。モサドもそうして世界から評価される存在になっていったのである。

二〇〇九年に、イランが核開発のために稼働していたナタンズの核燃料施設がサイバー攻撃により破壊される事件が起きている。作戦名「オリンピック・ゲームス作戦」（通称、スタックスネット）と呼ばれるこの攻撃は、ＮＳＡとイスラエル軍の８２００部隊が中心となって実施され、CIAとモサドがヒューミントの面で協力している。さらに、そこにオランダの諜報機関であるAIVD（総合情報保安局）も、ヒューミントで関与していたことが最近明らかになっている。

何か起きる前に潰す

一方で、敵対することもある。

二〇一九年九月、米ホワイトハウス周辺に、モサドが通信傍受用の機器を設置していたことがFBI（米連邦捜査局）や米政府高官らによって暴露されている。モサドだと見られるイスラエルの諜報機関が二年間にわたって、ホワイトハウスや、ワシントンの重要施設の近くに携帯電話の盗聴デバイスを設置していた可能性が高いという。

そのデバイスは携帯電話の基地局を模した「スティングレイ・スキャナー」と呼ばれる装置で、トランプ大統領やその側近などを標的にしていたとも推測されている。この報道を受けて、ベンヤミン・ネタニヤフ首相は、米国内でスパイ活動をする必要はないと完全否定している。だが、スパイ組織としては、利害のある国の動向を調べるのは当然の活動である。

MI6の元スパイは、同盟国や情報機関同士の関係性についてこう話す。

「もちろん、敵対するケースも考えて、訓練している。自分たちの命や人生を台無しにしかねない状況に身を置くこともあるわけで、そうなれば反撃するしかない。自分や自国をダメージに晒すよりも、他国や相手を脅威に晒すことになる。どんな工作や作戦でも、いつもそういう状況が現場で起きるものだ。それこそがインテリジェンスの仕事についてまわる状況ではないかと思う。私はイギリスのインテリジェンス・コミュニティにしかいたことはないが、私たちは間違いなく、そういうふうに『作られて』いる。

MI6の訓練では、競争の中で、状況で相手よりも優位に立つために、どれほど情報を圧倒的に把握しているのかが重要になる。そう叩き込まれている。

インテリジェンスの世界では、情報こそが『ゴールド（金）』である。それぐらいの価値がある。そしてそれをいかにすばやく、正確に獲得するかがすべてだ。それを世界中で行い、世界中の国の情報機関が競争相手である。

その中で、命に関わるような状況に身を置く場合ももちろんある。ただそれは、私たちの命の危機と同時に、相手の命の危機でもある。つまり、インテリジェンスの世界は、どちらが生き延びるかの争いということになる」

協力とはいっても、常にライバル関係の中で、一時的に「手を組む」というのが、諜報機関同士の関係としては実態に近いのかもしれない。先に触れたイランへのサイバー攻撃「オリンピック・ゲームス作戦」でも、ＣＩＡとしてはイスラエルとの協力は極力避けたがっていたとの証言も得ている。ただ選択肢がなかったために、手を組んだのだと。

元ＭＩ６スパイはこうも語る。

「これだけは断言するが、われわれはけっして、防衛態勢に入ろうとはしない。常に攻撃するという姿勢だ。攻撃が最大の防御である。ＭＩ６はいつも戦っているイメージだった。現場の人間は、とにかくいつでも戦闘モードにある。

攻撃が行われてからでは遅い。何か起きる前に潰す。さもないとロケットが飛んでくる可能性があるとしたら、阻止しようとするのが私たちの任務。もしそれができないなら、敵対国から攻撃されてしまい、国民に危害がおよぶ。同盟国であっても、足を掬われるし、利用されかねない。昨日まで仲間だと思っていた国と急に反目し合うこともあるかもしれない。

敵対国や同盟国などから生まれるすべての脅威から守ってもらうために、国民は情報機関の活動を容認し、税金などでサポートしているのだ。その期待に応えるのは当たり前だと言える。だからこそ、私を含め、インテリジェンス・コミュニティで働く圧倒的多数は、国のために戦っているという覚悟を常に持っている」

これこそがスパイ機関の現実なのである。

KGBとプーチン

前章でCIA元幹部は「CIAこそ世界最強」と強調した。ならば、世界でも有数の経験値を誇る彼の感覚では、CIAに次いで強力な組織はどこなのだろうか。

彼は、迷うことなく「ロシア」だと答えている。

「ロシアのスパイたちはアメリカに次いでもっともプロフェッショナルな組織だ。スパイ活動をするのに、もっとも難しい敵でもある。とてつもないプロで、手強い相手だ。民主主義国家に対するインテリジェンス活動で長い歴史を持ち、それを誇りにして今も活動している。ロシアが国家として現在も存在できている理由は、彼らが冷戦時代から現代まで諜報活動をずっと継続してきたことにある」

そんなロシア、旧ソビエトと西側諸国の対立の歴史は第二次大戦後に激化する。マーシャル・プランによってアメリカがヨーロッパ各国の復興を支援して影響下に置くなか、ソビエト連邦は東欧に共産主義政権を作るなどして、世界の分断が深まった。冷戦である。

アメリカなど西側諸国に対して、共産主義勢力として君臨していたのがソ連だった。両陣営は、諜報合戦を繰り広げてきた歴史がある。

このCIA元幹部は、その冷戦の過程で、アメリカ側で活動してきた諜報合戦の当事者のひとりだった。当時のCIA諜報員は危険な任務であるために「素手で人を殺める」訓練も施されていたという。

MI6もかつては戦闘能力を強化していた。MI6元スパイによれば、MI6でも「拳銃の扱い方や射撃の訓練はもちろんだが、ナイフを使って戦闘の訓練もしていた」という。

一九八九年にベルリンの壁が破壊された後、九一年にソ連も崩壊した。そうして冷戦が終結し、新生ロシアが誕生しても、諜報活動だけは続いていた。

「私はロシアのウラジーミル・プーチン大統領が誕生したとき、CIAのモスクワ支局長だった。彼の誕生を見ていた。プーチンは情報機関から生まれた産物である」

そうCIA元幹部は話す。

そもそも、ソ連には悪名高いKGB（ソ連国家保安委員会）という組織が存在した。KGBは共産党の主導で、一九五四年に内務省から分離して作られた組織である。国内で秘密警察のような監視活動を行いながら、国外では諜報・工作活動を行ったスパイ機関で、世界から恐れられた。

現在ロシアのトップに君臨するプーチン大統領も、一九七〇年代にＫＧＢのスパイになり、一九八五年から九〇年まで、東ドイツのドレスデンに勤務していた経験もある。ＫＧＢ時代のプーチンは、非常に有能なスパイとして評価が高かったとされる。彼の政策は、スパイからの情報が基盤になっているとの有力な説もある。プーチンが毎日、一日の最初にする仕事は、諜報機関が毎日まとめているリポートに目を通すことだともっぱらの噂である。

ソ連の崩壊に伴い、ＫＧＢという組織は一九九三年に廃止されたが、そこから二つの情報機関に分かれた。国内を担当するＦＳＢ（ロシア連邦保安局）と、国外を担当するＳＶＲ（ロシア対外情報庁）である。ＳＶＲは、ＫＧＢの対外諜報を担当していた第一総局が元になっている。

その過渡期にあっても、プーチンは元ＫＧＢの職員を側に置き、一九九八年にはＦＳＢの長官となり、その後大統領にまで上り詰めた。ちなみにロシアにはロシア軍の情報組織ＧＲＵ（ロシア連邦軍参謀本部情報総局）という機関も存在している。

二〇〇五年、プーチンはＳＶＲの設立記念の式典でスピーチした。そこでプーチンは、「ＫＧＢの流れをくむＳＶＲは世界でもっとも有効に機能している機関であり、政策決定過程で諜報活動が重要である」と述べたと報告されている。

さらに、ロシア政府にとって、諜報活動がロシア国家機関システムにおいて重要な地位を占めているとし、「諜報機関の努力はロシアにおける潜在的な産業力及び国防力の強化に集中されなければならない」と語っている。

GPSを無効化するロシアスパイ

二〇一七年、朝日新聞はロシアからの報告としてこんな記事を書いている。

ＫＧＢ出身のプーチン大統領は式典（筆者註：ＳＶＲの非合法諜報局の設立記念を祝う式典）で、名前や国籍を偽って外国で活動する「イリーガル」と呼ばれる非合法スパイが集める情報を日常的に得ていることを公言。「非合法諜報のような強力な特務機関を持つ国は少ない」と胸を張った。

多くの国がスパイ活動を行っていることは公然の秘密かもしれない。だが、非合法活動を誇らしげに宣言する国はまれだ。

スパイからのし上がったプーチンの哲学が、いまだにロシア諜報機関の中で脈々と息づいていることの表れだと言えよう。事実、現在も彼らの非合法活動は後を絶たない。

二〇一〇年、SVRのスパイたちが潜伏して活動していたアメリカで一〇人も一斉に摘発される事件が起きている。二〇一六年のアメリカ大統領選挙でも、ドナルド・トランプ陣営に有利になるように、ロシアが誇る三つのスパイ機関がそれぞれ、民主党全国委員会のネットワークなどにサイバー攻撃で侵入していたことは記憶に新しい。

SVRのスパイは、モサドと同じように、徹底した訓練を受けて初めて、任務に就くことが許される。SVRのスパイたちは、理想的には、平均的な見た目で、目立つことがない人物が選ばれる。スパイの中には、協力者を見つけて運用する諜報員だけでなく、他ならぬプーチンの言葉にもあった、他国で現地人として溶け込み当地で得る機密情報などをロシアに送ることがミッションとなる「イリーガル」がいる。

イリーガルの場合、たとえば入局後は、SVRの本部である「モスクワ・センター」に出勤することはなく、他の局員と会うこともまったくない。アメリカを担当するスパイなら、モスクワ郊外に建てられたアメリカの住宅に似せた家に数年にわたって暮らし、マンツーマンで毎日、英語の特訓を受ける。暗号通信の方法などのスパイの基本的な技術も学び、完全に赴任地の現地人になりすますよう訓練されるのである。

二〇一〇年にアメリカで逮捕され、人質交換でロシアに帰国が許されたSVRスパイは、ロシア帰国後に取材に応じ、「自分は超絶なスパイではなくシンクタンクの分析官のように動いていた」と答えている。

「インテリジェンス活動は危険な悪ふざけとは違う……ジェームズ・ボンドのように振る舞うものなら、一日も持たないだろう」

インテリジェンスの世界で、西側からロシアと戦ってきた前出のCIAの元幹部はこう話す。

「ロシアを理解したいなら、三つのことを考察すればいい。まずは、ロシアの伝統的な利害。彼らは戦略的な利益をかなえたいのであって、ソビエト連邦を作りたいのではないということだ。二つ目は、プーチン自身を見ることだ。彼の経歴だ。諜報員だったことだけでなく、それ以上に、彼が冷戦後の時代に登場したが、基本的に民主主義を肯定的には見ておらず、ロシアを汚す脅威であると見ている。三つ目は、プーチンの周りで誰が権力を手にしているのかだ。基本的に自分と同じようなタイプの人間を置いている。プーチンに忠誠を誓い、同じ世界観を持っている人たちだ。繰り返すが、彼はソ連を復活させようとはしていないが、世界の舞台で、現在のロシアの利害を効果的に実現できるよう動いている」

その上で、この元幹部は、プーチンの考え方は「スパイの考え方そのもの」であるとし、まさにスパイのように下準備をしながら暗躍していると分析している。

そんな経験から、プーチンの敵国スパイらに対する警戒感は半端なものではないという。国内で移動するたびに彼の周辺では、ＧＰＳ（全地球測位システム）が異常をきたし、地図やナビゲーションの機能が正常に動かなくなる。というのも、プーチンの周辺がＧＰＳを無効化するシステムを持ち歩いているからだという。

余談だが、現代では戦闘に使われる軍用機器や武器はＧＰＳなどのナビゲーションに依存して攻撃などを行っているが、プーチンはウクライナやシリアなど紛争地に展開するロシア軍にＧＰＳや無線、レーダーを無効化するような装置を導入しているくらいだ。

日本で繰り返されるロシアスパイ事件

ロシアにとって、日本は領土問題が横たわる、利害に関わる国だ。そんなことから、ロシアは日本でスパイ活動を重点的に繰り広げてきた歴史がある。在日ロシア大使館員や在日ロシア通商代表部員を装った情報機関員が違法行為を行ってきた。

警察当局はいくつものロシアがらみのスパイ事件を摘発している。

二〇〇〇年に起きたボガチョンコフ事件は、駆け出しの記者だった筆者も現場で取材をした。海上自衛隊三等海佐が、在日ロシア大使館に勤務する海軍武官のビクトル・ユーリー・ボガチョンコフ大佐からの依頼で、現金などを受け取って、海上自衛隊内の秘密文書を含む数十点の内部資料をロシアに提供していた。この三等海佐は、幼い子供が重い病気にかかり治療費が必要だったため、その弱みにつけ込まれていた。事件が発覚すると、ボガチョンコフは堂々と空港からロシアに帰国した。スパイというのは人の弱みにつけ込んでくるものである。

二〇〇六年にも日本の大手精密機器メーカーの社員が、在日ロシア通商代表部の工作員にミサイルの制御などに転用できる「ＶＯＡ素子」を渡していたとして、書類送検される事件が起きている。この手のロシア工作員が絡む事件は、枚挙にいとまがない。

ロシアがＣＩＡに次いで優秀だと語ったＣＩＡ元幹部もそうだが、別のＣＩＡ元高官も、話がロシア関連になると、あからさまに嫌悪感を示したのが印象的だった。インテリジェンスの世界では、ロシアと西欧諸国の間には今なお高い壁があるとわかる。

サイバーインテリジェンスをリードする中国

ＭＩ６の元スパイが、ロシアやイスラエル以上に注目している国がある。日本のお隣の、中国である。

「ＣＩＡもモサドもかなり優れているが……今は中国のスパイ活動が最強のひとつであると言ってもいいかもしれない」

そうこの元スパイは述べた。どういうことか。

「アメリカなら、ＣＩＡなど情報機関は技術系が得意で、何かについて調査をする時は、まずテクノロジーを最大限駆使している。その技術力も私たちの想像を絶するものであり、スノーデンの暴露で明らかになった世界規模の監視活動もその一端に過ぎないと言える。ただテクノロジーの活用という意味でも、中国の諜報機関は注目に値する。今から五〜七年ほど前には、国内で劇的な変革が起き、中国の諜報機関は体制が落ち着いてきたと思う。サイバー攻撃を担当する部門はとくに世界でもトップクラスだと言っていい。コンピューターの絶対数やツール、それに関与するデータ量など、そのケーパビリティは壮大だ。アメリカやロシアにも負けていない。十分に戦える戦力を抱えている。

以前なら、ツールを作るのが抜きん出ていたのはロシアだったが、中国がロシアを超えつつある。サイバーこそ、これからのインテリジェンス活動の主流になると考えると、中国の台頭は警戒すべきだ。もうアメリカがトップという時代ではなくなるかもしれない。それこそビッグニュースだが、それが現実なのだ」

現在、国際的スパイ活動も過渡期にある。デジタル技術の普及により、従来のスパイ工作もかたちを変えつつあるからだ。リスクを伴う尾行といった手段も、サイバー攻撃やハッキングなら相手にばれることなくできてしまう。こうした「ゲームチェンジャー」とも言えるインテリジェンス分野の変革については、後章でさらに触れたいと思う。

二〇一八年一二月、カナダ司法省は、中国の通信機器最大手、華為技術（ファーウェイ）の孟晩舟ＣＦＯ（最高財務責任者）を逮捕して世界で大きなニュースになった。孟晩舟はファーウェイの創業者である任正非ＣＥＯ（最高経営責任者）の実娘であり、この逮捕の背景には何か政治的な思惑があるのではないかと騒がれた。逮捕容疑は、アメリカ政府による「対イラン独自制裁」に違反して金融機関に虚偽の説明をした疑いがあったためだ。

するとこの直後に、中国でカナダ人二人が、スパイの容疑などで拘束（後に逮捕）される事態になった。報復措置だとの見方が優勢だが、その後も、中国ではカナダ人に対する締め付けが強まった。こうした動きの背後にいるのが、中国で国内外の公安や情報活動、国家安全保障を担当する中華人民共和国国家安全部（ＭＳＳ）である。すると、今度はアメリカの司法省が、ＭＳＳとつながりのあるハッカー二人を起訴するという展開になった。

ＭＳＳは、イギリスで言うなら、国外担当のＭＩ６と、国内担当のＭＩ５、そしてシギント担当のＧＣＨＱが一つになった組織である。アメリカなら、ＣＩＡと国内を担当するＦＢＩ、シギントを担当するＮＳＡとが一緒になったようなものである。ただ、ＭＩ６やＣＩＡ、モサド、ＳＶＲなどと違い、公式サイトもない。

手玉に取られるトランプ

習近平国家主席は、二〇一五年に国家安全法を制定し、国内の統制を強めたが、そこで実働部隊となるのがこのＭＳＳといった機関ということになっている。政府の機関はすべてＭＳＳに協力することが求められている。また二〇一七年には国家情報法が制定され、民間企業や個人も、ＭＳＳなど情報関連機関による協力要請や情報提供に協力する義務を負うことが明確に規定された。

ＭＩ６は、中国が大使館の職員を装ったスパイを送り出しているだけでなく、民間のイギリス企業や、大学の職員や学生にもスパイがいると見ている。彼らの主なターゲットは経済や産業、軍事情報である。ポーランドやアメリカで中国企業や政府のスパイをしていたとして逮捕された中国人もいれば、カナダ政府は孟晩舟CFOの逮捕の前にも、諜報機関とつながっているとしてファーウェイの職員らにビザを発行しなかったことがある。こうした中国人の例は数多い。

対外作戦でも最近実績を残している。トランプ大統領の携帯電話の盗聴にも成功しているが、それを指摘されても、まだトランプは自分のiPhoneを使っている。米情報機関によれば、MSSはスマホでのプライベートな会話を把握し、トランプが何を考え、どういう話に興味を持っているのかなどの情報を注意深く探っているという。携帯での会話のポイントを拾い集めて、インテリジェンスとしてまとめている。

MI6の元スパイは、「当然、中国やロシアはそれが可能でしょう。MSSはさらに、トランプが電話をかけている友人らを特定し、そちらの盗聴も行い、その友人だけでなく、その友人のまた友人にも工作を仕掛けているはずだ。そうすることで、トランプが聞く耳を持つ友人に間接的に影響力を与えようとしている。トランプの友人には、テクノロジー分野に弱いが、それなりの権限を持っている人が多い。イエスマンに囲まれているトランプの友人たちは、まんまとやられてしまうでしょう」と指摘する。

世界に浸透する中国スパイ

さらにここ最近も、中国のスパイ工作が世界中で取り沙汰されている。二〇一八年にはMSSのスパイが、ベルギーで米航空会社から機密情報を盗もうとして逮捕され、アメリカに送致されて起訴されている。

つい先日、中国では、MSSにとっては歴史的な大手柄で、CIAにとっては歴史的な大失態となる事件が明らかになった。

二〇一〇年ごろから、中国にいるCIAの協力者たちが次々と拘束または処刑されていることが問題視されつつある。その背景には、中国側に機密情報を渡していた元CIAの職員がいたことや、CIAが協力者たちとの連絡に使っていた通信システムがハッキングされた件があるという。これにより、CIAの中国における諜報活動が大打撃を受けたとされる。

筆者の取材に対して、CIAのネットワーク構築に深く関わっていたCIAの元高官は、自分たちの情報システムはかなり安全であると自信を持っていたが、それでも中国のMSSには破られてしまったということだろうか。

二〇一九年九月には、カリフォルニア在住の中国系アメリカ人のツアーガイドが、ホテルの一室で政府の機密情報が入ったＵＳＢデバイスを受け取り、飛行機でＭＳＳのもとに運ぼうとしているところを逮捕されている。

とにかく、国内外で積極的に活動するＭＳＳだが、そのスパイ網は世界で想像を超える広がりを見せているとの指摘もある。カリフォルニア州では軍の施設で中国語を教えている人などを送迎する年配の中国人タクシードライバーがＭＳＳスパイだったことが判明したケースもある。

ＭＩ６の元スパイもこんな話をする。

「ニューヨークのタイムズスクエア周辺で一〇年近く宝くじを売っていた中国人が、たいした稼ぎもないのに二〇一七年に突然小さな家を買った。しかもその後に、娘を学費が非常に高い医学部に行かせた。結局、この宝くじおじさんはずっとタイムズスクエアで周囲の会社や警察の配備などをチェックして、その情報を中国に渡していた。結局逮捕された」

中国に家族を残している中国人留学生なども、ＭＳＳから協力を強いられることもあるという。「家族が中国国内に残っているので、人質のような扱いになっているから、そういう指示も断れない。それで情報を送ったりしている」と、イスラエルの元情報機関関係者は筆者に語ったことがある。

中国のスパイシステムでは、ターゲットを見つけたり、調査したり、情報を集めたり、協力者を管理したりする諜報員は、外交官やジャーナリスト、研究者、ビジネスパーソンなどの「カバー」で活動している。

大手メーカーの家電に盗聴器が内蔵

ＭＳＳには外部の協力者も多数いると見られ、その規模など、実態は判明していない。

ＭＳＳはさらに、中国の大手企業とも密な関係を持っているとされる。そんなことから、中国が誇る国際企業を、アメリカ政府は次々と「ブラックリスト」に加えてアメリカや同盟国とビジネスをできないように動いている。その背景にあるのも、中国が民間企業を使ってスパイ行為をしているとの懸念だ。

二〇一九年五月、アメリカ政府は中国の通信機器大手、華為技術（ファーウェイ）など中国の通信機器企業をアメリカ市場から完全に締め出すと発表した。

その後、ドナルド・トランプ大統領は大統領令に署名して、国の安全保障にリスクとなる国外企業の通信機器をアメリカ企業が使ってはいけないと命じた。名指しこそしていないが、これはファーウェイなどのことを指している。

それに合わせて、アメリカ商務省もファーウェイと関連企業六八社を「エンティティーリスト」、つまりブラックリストに追加すると発表し、アメリカ企業とビジネスをできなくした（八月にはさらに四六の関連企業を追加）。そして一〇月には、監視カメラ大手の杭州海康威視数字技術（ハイクビジョン）、ＡＩの画像認識システムを開発するセンスタイム・グループなどをアメリカ商務省のブラックリストに加えている。

徹底して、中国のスパイ行為をつぶしながら、ビジネス戦争でも中国の台頭を阻止しようとしている。

中国政府のスパイ工作などに、民間企業であるファーウェイやそのほかの企業が関与しているという話になると、「ファーウェイは民間企業であって政府とは関係ない」と主張する人がいまだにいる。またファーウェイ自身もスパイ行為の「証拠を見せろ」と居直る。

だが、そんな考え方はあまりに甘いと前出のＣＩＡ元幹部は言う。

「ファーウェイが、中国政府、つまり中国共産党やＭＳＳ、人民解放軍とつながっていないと考えるのはあまりにナイーブである」

別の前出の元ＣＩＡ高官も「共産主義国家が自国の産業界をスパイ工作に使わないのでは

ないかと思っている記者が世の中にいるとすれば、その人は記者として失格である」とまで、筆者に述べている。

ＭＩ６の元スパイはこんな話をしてくれた。

「イギリスでは、テレビを観たり、ネットとつなぐのにボックス（機器）を設置する。私たちは以前、そのボックスの中に『mole（モール）』と呼ぶ盗聴のための機器を中につけて、テロ捜査などで国民の動向を監視できるようにしていた。イギリス国内で、大手も含む通信関連企業にも協力させていた。まだ携帯電話は今ほどは普及していなかった時代なので、電話線もそのボックスにつながっていた。その機器からは、いろいろな情報を獲得することができた。そして、そのボックスに盗聴などのための機器を取り付けるのは、冗談のような話だが中国にある中国企業に委託していた。その後、中国もそれを真似たのか、たとえばファーウェイは、オーストラリアや、ＡＵ（アフリカ連合）の本部があるエチオピアで通信機器からデータを盗めるように工作していたことが判明している」

米中スパイ戦争が本格化

二〇一五年五月、習近平国家主席は、「中国製造２０２５」という産業戦略を発表した。

世界の工場という位置付けから脱し、価値のある製品やサービスを作ることを目指すと目標を掲げた。そして一〇の重点分野と一二三の品目を設定し、製造業を高度化しようというのだ。この政策は、ドイツが二〇一三年から進めている「インダストリー4・0（第四次産業革命）」に影響を受けているという。インダストリー4・0の主な考え方は、IoT（モノのインターネット）など、ITテクノロジーの生産への導入の推進だ。この「中国製造2025」は、中国の工業和信息化部（MIIT）が、中国工程院の専門家一五〇人を動員し、約二年をかけてまとめた政策である。

この政策が発表になると、それまで中国をうまくコントロールできると高を括っていたアメリカも、中国の動きに脅威を感じたのか、焦りを見せることになった。

結果、この「中国製造2025」発表がアメリカの目を覚まさせる「Wake up Call（警鐘）」となった。そして対中強硬派が影響力を強めるトランプ政権が誕生すると、徹底して中国のスパイ行為などを外部に公表する傾向が強くなっている。米中貿易戦争もまさにそれがひとつの動機にもなっている。アメリカを刺激したことを自覚している中国政府は、最近では「中国製造2025」について、対外的に喧伝しないように国策をシフトした。

こうした流れの中で、MSSなどの諜報機関でサイバー攻撃がますます重要になっていく。MI6の元スパイは、テクノロジーの分野で「五〜七年ほど前に、中国国内で劇的な変革」が起きたと指摘する。二〇一五年までに、中国でサイバー分野を中心的に担っていた人民解放軍のサイバー部門で、組織の再編がはじまった。政府は人民解放軍戦略支援部隊(SSF)を創設し、サイバースパイ工作から対外プロパガンダ、破壊工作まで、中国のサイバー戦略を包括的に取りまとめることになっている。その組織の規模は数百万人に及ぶともされる。当然、MSSなどとも密に関与していると見られている。

とてつもなく大きな組織を構築し、中国はさらに機能的に諜報活動やサイバー工作を繰り広げている。そして、そのレベルはMI6やCIAすらも凌駕(りょうが)するものになる懸念がある。

第六章　日本を襲うデジタル時代のサイバーインテリジェンス

天気予報アプリで機密情報を送信

デジタルテクノロジーに疎いスパイは、もはや仕事にならない。

二〇一四年、ドイツ当局は、同国の課報機関であるBND（連邦情報局）所属のドイツ人課報員マーカス・ライクル（当時三一歳）が、過去二年にわたってCIAのために働く二重スパイだったとして逮捕したことが明らかになった。

ライクルは、週に一度、CIAに情報を送信していたという。驚くのは、その送信方法だった。

このスパイは、自分のパソコンに暗号化できるプログラムをわからないように入れていた。そして天気予報のアプリを起動し、ニューヨークの天候を検索すると、その暗号化プログラムが起動して、データを送信できるようになっていたという。その対価として、二年間で数回オーストリアに赴いて九万五〇〇〇ドルの現金を受け取っていた。

このドイツ人、ロシアの諜報員にも情報を売り付けようとして接触していたために、CIAの二重スパイだったことが判明したのである。アメリカ当局がドイツ政府に対して水面下で何らかのやりとりをしたことは間違いないが、表立って話は聞こえてこない。

ちなみに、アメリカはスノーデンの暴露によって、ドイツのアンゲラ・メルケル首相の携帯電話を盗聴していたことが二〇一三年に明らかになっており、米独の諜報部門の関係性は最悪の状態にあった。アメリカは同盟国でも関係なく、監視を行っていることが表面化したケースである。日本もイギリスも、他人事ではない。

美人すぎたアンナ・チャップマン（Splash／アフロ）

とにかく、この一件からわかるのは、天気予報アプリと暗号化プログラムを使うなどして、諜報活動が行われていることだ。以前なら、博物館などで人知れず接触して情報を受け渡す、というやり方が主流だっただろうが、もはやそんな「身バレ」するリスクを負う時代ではなくなっている。

二〇一〇年にはアメリカでロシア人の若い女性スパイが逮捕されて大きなニュースになった。「美人すぎるスパイ」とメディアで騒がれたことで記憶にある読者もいることだろう。スパイの名はアンナ・チャップマン。ＳＶＲ所属だった彼女は、現在は他に逮捕されたスパイたちと一緒に、米ロで捕まっていたスパイを交換する「身柄交換」によって、ロシアに強制送還になっている。

チャップマンも、機密データの受け渡しには、パソコンを使っていた。しかもニューヨークのマンハッタンのど真ん中にあるカフェに入り、こともなげにスパイ工作を行っていた。その手口は、彼女が窓際の席に座りしばらくすると、店の前にバンが止まる。バンの中に仕込んだロシア人諜報員のコンピューターと特別なネットワークでつなぎ、情報をやり取りしていた。さらに別の日には書店でも、デジタルデバイスが入っていると思われるブリーフケースを持ったロシア人諜報員と同じように情報をやり取りしていた。

すべての生活情報がデータ化

いま、諜報機関は新たな時代に入っている。その最大の要因は、ここで見た二つのケースのように、インターネットとデジタルテクノロジーの普及である。

ＭＩ６の元スパイは言う。

「すべての諜報機関がインターネットを駆使し、サイバー攻撃などを自在に扱いながら、情報活動を行っている。情報収集には非常に効果的な道具だ。情報を集めたり、ターゲットとして監視したり、行動を妨害するなど、すべてがサイバー空間でできる時代になっているからだ」

では、MI6はどれほどのサイバー工作能力を備えているのか。

「MI6は何でもハッキングできるのか？」との筆者の問いに、MI6の元スパイははっきりとこう答えている。

「答えはイエス。今、スパイをするターゲットを与えられたら、まずその対象をハッキングしようということになる。私たちが持つスキル、ツール、能力、インフラ、そしてインテリジェンス機関としてのリソースと人、それらをもってすれば、ハッキングできないものはない。どんなシステムでも、だ」

パソコンや携帯電話が普及してからの技術的な進歩は目覚ましいものがある。すぐにノートパソコンがビジネスに不可欠になり、さらには私たちの生活に欠かせないスマートフォンがノートパソコンを凌駕しそうなほどのハイスペックになっている。そして人が使えば使うほど、どんどん普及すればするほど、人々はデジタル空間に依存するようになる。

以前なら、スパイなど諜報機関関係者たちは、今から考えるとかなりクオリティの低い携帯電話、日本で言うガラケーを使っていた。なぜなら、バッテリーが取り外せるからだ。バッテリーを外せば、通信基地局に動きがすべて記録されている携帯電話も、ただのガラクタになってしまう。とはいえ、もうそんな時代は過去になりつつある。スマホではバッテリーも簡単には取り外せない。

スマホの目覚まし機能で何時に起きたのかが記録され、買い物アプリの記録から朝に何を食べているのかがわかり、何時に出勤のために車のエンジンをかけたのか、何時に電車に乗ったのか、職場に何時に着き、お昼をどこで食べ、何時に打ち合わせを終え、帰宅途中にネットバンキングでいくら支払いし、誰に「おやすみ」のメッセージを送ったのか。

私たちは、そうした情報すべてが、デジタルデバイスやサイバー空間上に残っている世界に生きている。

そして世界のデジタル最前線では、新しい通信システムである5G（第五世代移動通信システム）がスタートしている。5Gは、現在の4Gと比べて通信速度が一〇〇倍、データ容量は一〇〇〇倍にもなる。また通信のタイムラグは一ミリ秒（一〇〇〇分の一秒）以下の低遅延で、一平方キロあたり一〇〇万台の機器を接続できる多接続も実現する。通信基地を新たに設置するために、その恩恵を完全に受けられるようになるまでにはもう少し時間がかかるが、５Ｇが当たり前になると、そこには有線電話の時代から、スマホが当たり前になった時代への大きな進化以上に、人類の生活を一変させる可能性もありうる。

そうなれば、今私たちの視界にあるすべてがネットワークに接続され、無駄をなくした効率的な世界が広がることになる。一例をあげると、健康管理だ。体調管理などは身に着けた腕時計や小さなデバイスで行われ、わずらわしい健康管理などしなくとも、毎日トイレに座るだけで、すべての病院がデータを遠隔的に集めて管理し、ＡＩで自動的に瞬時にアドバイスを行うような時代になるだろう。

ウェアラブルデバイスの罠

だが、すべてが接続される便利な世界には、当然のように危険性もついてくる。そうしたデータが悪用されるリスクだ。強盗も、空き巣をするよりも、デジタルデバイスにハッキングしたり、サイバー攻撃を仕掛けるほうがリスクは低いし、効率がいいということになる。タンスよりも、スマホにカネはある。

そしてそうした情報を使いたいのは、犯罪者だけではない。諜報機関も同じだ。

英語圏の情報機関で「サイバー戦争」を担当していた経験もある元ハッカーの証言。

「欧米の諜報機関が集めようとしているのは、生体情報。つまり、スマホなどで健康管理などをしている人々のデータのことですね」

スパイは敵を情報提供者にする際には、相手の弱みを探し、そこにつけ込むことで、協力者に仕立て上げる。銀行口座を調べて借金で困っていたら金銭的な援助を申し出たり、子供を有名学校に入れたがっていれば裏工作して協力したり、といった具合だ。その代わりに、きっちりとスパイとして働かせるのである。元ハッカーが続ける。

「近ごろ、体に身に着けるデジタルデバイスで健康管理をする人が増えています。病院に通っている情報もスマホなどからわかる時代になった。健康状態が悪かったり、持病を抱えているような要人。手術が必要でドナーを探している要人。どんな薬を飲んでいるのか、そしてどれほど薬に依存しているのか。諜報機関は、そうした人たちの『弱み』を知ろうとしています。弱みや隙を見つけようというわけです。

もう一つ言うと、人の言動や行動を諜報機関は理解したい。覚えておかなければならないのは、諜報機関は人や社会、領土、街、国家、すべての情報を理解して、動きを把握しようとしていることです。特定のシナリオや状況、瞬間、瞬間で人がどう行動するのか、見定めているのです」

世界がデジタル化・ネットワーク化されることで、スパイの活動の幅が広がっている。以前よりスパイ行為が摘発されるリスクは減るが、一方で、デジタルツールで監視される危険が増している。つまり、スパイ活動は新たな次元に入っているのである。

標的はアメリカ、日本、台湾

デジタル化の現実は、それだけではない。ＭＩ６の元スパイは指摘する。

「たとえばここで手元のスマホを使って、中国の街の情報などは五分もあれば調べられる。どこがもっともきれいな街で、どこがもっとも汚くて治安の悪い街か。すべてがつながっている社会では、ここに座りながら、調べ物だけでなく、敵国を攻撃したり、敵国の評判を世界的に貶めるような攻撃を始めることだってできる。企業を攻撃して株価を下落させることも、座ったままできてしまうのだ。

諜報機関にとって、サイバー工作やサイバー攻撃は、ターゲットに対する情報収集やスパイ行為、監視など、最高度に重要な要素となりつつある。

とくに中国はここ三年で、日本の当局の動きや、国の政策などに非常に興味を持って動いている。それだけではない。交通やエネルギー、テクノロジー、工場など、そうしたインフラの情報を手にしようと激しい諜報活動を仕掛けている。ビジネスや金融、通商情報をも手に入れようとしており、ローカルな地方の中小零細企業にもその手を伸ばしている。日本企業は中国から常に狙われている。この認識は、欧米の諜報機関はみな共有していることだ」

このMI6元スパイは「サイバー工作こそ、これからのインテリジェンス活動だ」と言う。MI6やCIA、モサドも、一五〜二〇年くらい前からサイバー工作を本格的に導入し始め、それ以外の国もそれに追いついてきたという。

そしてすでに述べたとおり、情報機関がサイバースパイ勢力として最注目しているのは、中国のスパイ活動だ。そのサイバー攻撃で中心的な役割を担っているのが、人民解放軍戦略支援部隊（SSF）に属するサイバー・コー（サイバー攻撃部隊）である。彼らは、国家安全部（MSS）ともつながっている。

台湾の警察当局で元サイバー捜査員だったハッカーは、筆者の取材にこう語っている。

「彼らは二四時間体制で、交代制で働いている。何の任務をしなければいけないのか、事細かに決められている感じです。中国政府系ハッカーの攻撃パターンを分析すると、非常に組織化されていることが特徴的で、まるで一般企業に勤めているかのように動いています」

中国のハッカーらは、潤沢な予算で動いているため、決められた「勤務時間」で分担して働いていると分析されており、「勤務体制は九時出社で五時に帰るといった形態で、交代制で、ちゃんと休暇も取っているのです」という。

企業の知的財産を盗み、政府や軍からは機密情報を盗む。さらに、このハッカーによれば、「企業などにサイバー攻撃を行って、被害を出すことで評判を貶める工作も狙っています」という。

そのターゲットとなっている国について尋ねると、「台湾、アメリカ、日本」と言い切った。

前出の英語圏の元ハッカーも、「日本は今、中国からの攻撃では、世界でもトップに入るターゲット国です。非常にリスクの高い国と見ています。しっかりとそれを認識しておく必要がありますね」と同様の指摘をし、こう警告する。

「二〇二〇年の東京五輪は、中国にとっても重要なイベントとなるでしょう。そこでもおそらく、日本の失態を促すような動きをする可能性が高いと見ていいです。国としての日本の信用度を落とすまたとない機会ですから」

中国の政府系ハッカーが五輪を狙う理由は、金銭でもなければ、インフラ攻撃などの破壊工作でもない。日本の評判にダメージを与えることに絞られているという。そもそも、日本に来るサイバー攻撃の多くは中国からのスパイ工作目的であることが多いが、五輪に向けての狙いはレピュテイション・ダメージ（評判の失墜）だ。

ＭＩ６の元スパイが引き継ぐ。

「中国はハッキングをさせるためのインフラをかなり十分に、国に仕えるハッカーらに与えている。人も育成している。だからこそ、彼らのサイバー攻撃能力は高くなっており、サイバー空間での情報戦をよく理解している。私から見れば、中国は今、世界でもトップクラスのサイバー・ウォーフェア（戦争）能力を持つ国だ。彼らはアメリカとも渡り歩いている」

韓国系アプリの罠

実は、韓国も同様の攻撃を日本に仕掛けていることはあまり知られていない。日韓関係が今のように悪化する前から、韓国系ハッカーらによる、日本企業を狙ったサイバー工作は起きていた。レーダーなど軍事関連技術を扱う日本企業に対するサイバー工作を「確認している」と、欧米の情報機関関係者は筆者に語っている。さらに最近では、ＮＨＫなど日本の大手メディアや、観光庁を狙ったスパイ工作を行っていることも検知されている。ＮＨＫについては、報道内容を探ったり、メディア関係者の情報を集める目的だという。この情報機関関係者はさらに、「闇サイトで、韓国軍に属する兵士とみられる男が日本企業を攻撃するために仲間を募っているやり取りも確認している。結局、ロシア人ハッカーと接触していた」と語っている。

韓国のスパイ工作について、筆者は以前より欧米の元ハッカーからも話を聞いていた。「韓国がらみのハッカーが日本の化粧品会社をターゲットにしている。日本の化粧品はアジアを中心に高い人気を誇っており、その製造方法などを盗みだすなどして模倣し、安価に別ブランドにして売るのだ。これは未確認だが、中国のハッカーも日本の美容業界をターゲットにしているとの話も聞く」

これは、中国や韓国でこれまでも指摘されてきた日本製品の「パクリ」問題の流れだが、サイバー攻撃の場合は「盗まれた側がその事実すら気づいていないことも少なくない」。これこそサイバー産業スパイ工作の典型であり、この手の攻撃には政府が絡むこともあるという。

もうひとつ不穏な動きは、韓国政府や、韓国の情報機関である国家情報院の関係者たちが、スマートフォンで使われる韓国系アプリなどを使っている日本人や企業の情報をかなりつかんでいるとうそぶいていることだ。要するに、そうしたアプリでスパイ工作ができていると示唆しているのである。日本のある政府関係者は、「ＧＳＯＭＩＡなどで日韓の緊張関係が最高潮にあった際には、『アプリを利用している大手企業などの情報はすべて握っている』と脅迫じみたメッセージを伝えてきた」と語っている。今では生活に必要不可欠になったスマホのアプリを、スパイの道具として使っていると政府関係者らが認めているということだ。

キャッシュレス決済に潜む謀略

最近あまりにメッセージングアプリなどが普及し、私たちの生活に深く入り込んでいるために、そこを狙う人がいるのは想像に難くない。金融関連のやりとりも今ではこうしたアプリでできるようにもなっているし、国が多額の補助金をかけてまで普及を後押ししているキャッシュレス決済などでも個人の経済活動がつぶさに記録されるようになっている。

この傾向は今後さらに強まることになるが、そうなれば一般市民が使うカネの流れを国が把握しやすくなる一方、そうした情報を海外のスパイやサイバー犯罪者などが手に入れようとするのは自然な流れである。

「アプリで行う金融取引は、そのサービスを提供する企業が、どんな取引先とつながり、その取引先の向こうにどんな国が絡んでいるのかを察知することが重要になっていくだろう。私たちが知らないだけで、たとえば中国や韓国の企業がアプリやネットサービスの制作過程で関与しているケースは少なくない」（政府関係者）

日本ではコンビニ最大手セブン‐イレブンが、モバイル決済サービスを開始してすぐにサイバー攻撃を受け、あっという間に撤退を発表することになったが、こうした金融取引に絡んだ個人情報が集まるサービスは、どうしてもサイバー工作の対象になりやすいと欧米では見られている。

そもそもこのケースでは、スタートから三日ほどで約八〇〇人のユーザーが不正にアクセスされたというが、そんな短期間でそれほどの数のアカウントに入り込むことはできるのかという疑問、他方で被害額とされる約三九〇〇万円はそれほどの大掛かりな攻撃にしては大した額ではないとの見方がある。そんな疑惑から、情報機関関係者の中には「モバイル決済のシステムそのものが中国側に漏れているという憶測は出ており、中国政府系のサイバー工作の線もあるのではないかと睨んでいる者もいる」と指摘する人もいる。そうなれば、セブン‐イレブンのセキュリティ対策レベルの問題ではない可能性もあるということだ。

事実、日本のキャッシュレス決済サービスのアプリなどが、中国系のハッカーに狙われているとの情報も筆者には入っている。しかもそれは、犯罪者がカネや商品を騙し取ろうとする行為ではなく、日本のキャッシュレス決済の信用度に傷をつけるためのスパイ工作だというのである。

つまり、キャッシュレス決済が普及している中国が、技術大国である日本から政府の後押しで台頭してくるキャッシュレス決済技術に対して、まだ芽が若いうちに潰そうとしている、と。

東京五輪を狙っているのはどの国か

さらに注視すべき国がもう一つある。北朝鮮だ。国連によれば、北朝鮮のハッカーたちはここ三年間で最大二〇億ドルを、世界各地の金融機関や仮想通貨交換所から違法に盗み出している。北朝鮮では、朝鮮人民軍偵察総局がサイバースパイ工作にも力を入れており、日本の金融機関などにも工作を行っていることがわかっている。また日本に工作担当者を送り込んで、サイバー工作の準備なども行っていると、元人民軍の脱北者は筆者の取材に答えている。

北朝鮮のスパイ工作は金銭的な動機が背景にあることが多い。前出の英語圏の元ハッカーは、北朝鮮の次の大きなターゲットのひとつに東京五輪があると指摘する。東京五輪を狙っているのは中国だけではないということだ。

「闇サイトでは、日本のスポンサーやサプライヤー企業、さらには金融機関や流通系などがターゲットになっています。すでにハッカーたちはどう攻撃するのかをやりとりしながら準備を始めているのです。しかも、北朝鮮系ハッカーの背後には中国やロシアの支援を受けている政府系ハッカーたちが協力していることもある」

あろうことか、とあるクレジットカードのサービスなどを提供する日本企業では、サービスに使われるプログラムのソースコードが北朝鮮系ハッカーにまるまる盗まれてしまっていることも指摘されている。このように、サイバー空間では、スパイ工作から破壊工作、産業スパイ行為などが繰り広げられているのである。

東京五輪といえば、こんな懸念もある。ロシアの諜報機関であるSVRやGRUが世界でサイバースパイ工作を繰り広げているのはすでに説明した。彼らはスポーツの国際的なイベントでもサイバー工作を実施していることが確認されており、二〇一八年の韓国・平昌冬季五輪ではロシアがドーピング問題で国として出場できなかったことの報復として、五輪の公式サイトやアプリにサイバー工作を実施し、チケット発給やＷｉ‐Ｆｉ設備などに不具合を起こした。また、五輪でＩＴシステムを担当した企業にも、大会前からサイバー工作が行われていたという。

この一件は日本も看過できない。というのも、ロシアに対してはドーピング問題がくすぶっており、東京五輪にも国として出場できないことになった。ロシアのスパイ機関が報復として東京五輪に対する工作を実施する可能性は高くなっている。いや、攻撃されることを前提に警戒すべきところまで事態はひっ迫しているのである。

消防車を持たない消防庁

日本には対外情報機関がないばかりか、国内外で情報活動をできるサイバー工作組織も存在しない。今、日本では、内閣官房の内閣サイバーセキュリティセンター（ＮＩＳＣ）がサイバーセキュリティ対策を仕切っている。ただこの組織には実働部隊がなく、省庁間や業界団体にサイバーセキュリティ関連の情報を提供することが主な業務であり、専門家の中には、「消防車を持たない消防庁」と揶揄する向きもある。

防衛省には、サイバー防衛隊という部隊がある。ただこの部隊は、防衛省と自衛隊のネットワークを守るためにだけ存在し、スパイ工作だけでなく、日本の省庁やインフラ施設などがサイバー攻撃で破壊されても何もしてはくれない。彼らの任務ではないからだ。結局、民間企業や個人は自分たちで、中国のように巧妙な国家的サイバー攻撃を仕掛けてくる国家に、対応しなければいけないという状況にある。警察当局はといえば、サイバー攻撃を受ければ捜査はしてくれるが、守ってはくれない。

そんな状況の中で、ライバル国などが日本にもサイバー攻撃を仕掛けているというのが現実だ。ドイツの例を見る限りでは、同盟国ですら工作を仕掛けてきている可能性があるにもかかわらずだ。日本の在日米空軍横田基地で働いていたスノーデンが、日本のインフラにマルウェア（悪意ある不正プログラム）を埋め込んだと暴露しているように、アメリカは日本相手でも、有事に備えてサイバー攻撃の準備をしているのである。

これからの国際諜報戦におけるサイバー工作の重要度は、世界中でさらに増していくことだろう。中国のＭＳＳにつながるＳＳＦ、アメリカのＣＩＡと凄腕ハッカーを抱えるＮＳＡ、イギリスのＭＩ６とＧＣＨＱ、イスラエルのモサドと軍の８２００部隊、そしてロシアのＳＶＲとＦＳＢ、ＧＲＵ。こうした組織が、世界の裏側で暗躍し、諜報工作やサイバー攻撃を繰り広げている。

選挙だろうがテロだろうが、世界的なスポーツイベントだろうが、各国はサイバー工作を駆使しながら、自分たちの利害を追求している。それこそが、現在の、もう一つの世界情勢の姿である。

対外情報機関も、国境を越えて動けるサイバー部隊も持たない日本は、これからの時代に本当に世界と伍していけるのだろうか。一刻も早く、その問いについて真剣に検討し、何をすべきかを議論すべきなのである。性善説は通用しない。

もう一度、MI6元スパイのコメントを紹介する。

「MI6の職員が共有する、ゼロトラストという考え方がある。つまり、すべて疑ってかかり、誰も信用しないということだ。それが国際情勢の裏にある世界の常識なのだ」

山田敏弘

国際ジャーナリスト。1974年生まれ。米ネヴァダ大学ジャーナリズム学部卒業。講談社、英ロイター通信社、『ニューズウィーク』などで活躍。その後、米マサチューセッツ工科大学でフルブライト・フェローとして国際情勢とサイバーセキュリティの研究・取材活動にあたり、帰国後はジャーナリストとして活躍。世界のスパイ100人に取材してきた。著書に『モンスター 暗躍する次のアルカイダ』(中央公論新社)、『ゼロデイ 米中露サイバー戦争が世界を破壊する』(文藝春秋)、『CIAスパイ養成官 キヨ・ヤマダの対日工作』(新潮社)、翻訳書に『黒いワールドカップ』(講談社)などがある。

822-1 C

世界のスパイから喰いモノにされる日本

MI6、CIAの厳秘インテリジェンス

山田敏弘

2020年1月20日第1刷発行

発行者——渡瀬昌彦
発行所——株式会社 講談社
東京都文京区音羽2-12-21 〒112-8001
電話 編集(03)5395-3522
販売(03)5395-4415
業務(03)5395-3615
デザイン——鈴木成一デザイン室
カバー印刷——共同印刷株式会社
印刷・本文データ制作——株式会社新藤慶昌堂
製本——株式会社国宝社

ISBN978-4-06-518723-4